Verlag Podszun-Motorbücher GmbH
Elisabethstraße 23-25, D-59929 Brilon
Herstellung: LUC Medienhaus, Greven
Internet: www.podszun-verlag.de
Email: info@podszun-verlag.de
ISBN 978-37516-1068-1

Lars Döhmann

Klassische VOLKSWAGEN

Legenden ■ Alltagshelden ■ Exoten

Erster Band

PODSZUN

Vorwort

Wer hätte es gedacht, als Deutschland 1945 ebenso wie das Volkswagenwerk in Trümmern lag: Das Unternehmen ist als Automobilhersteller längst an die Weltspitze gekommen. Bis Anfang der 1970er-Jahre waren luftgekühlte Boxermotoren im Heck und Hinterradantrieb für Volkswagen unvermeidlich, bevor sich der Produktmix ab 1973 rasant änderte. Neben und nach den international erfolgreichen Modellen Käfer und Transporter sind spätere Fahrzeuggenerationen mit völlig anderer Technik längst ebenfalls zu Klassikern gereift, etwa Golf, Passat oder die vierte Transportgeneration

In diesem Buch werden der Käfer als "Ovali" und der "Bulli" gewürdigt, aber ebenso weitere Protagonisten, die überwiegend am Mittellandkanal in Niedersachsen erfolgreich konzipiert, entwickelt und gebaut wurden. Die Modellauswahl ist gleichermaßen etwas zufällig und trotzdem liebevoll getroffen worden. Bevor die Kritik an der Auswahl allzu schnell aufbraust: In einem Folgeband sollen weitere Volkswagenmodelle beschrieben und gezeigt werden.

Zunächst hoffe ich, mit der hier vorliegenden Auswahl das Informationsbedürfnis zu 18 verschiedenen Volkswagen, wenn auch in knapper Darstellung, befriedigen zu können. Es sollte für jeden Geschmack etwas dabei sein, und selbst wenn Kenner teilweise über mehr Informationen zu einzelnen Fahrzeugen verfügen sollten: Nicht Jeder kann alles wissen, aber Wissen kann keinem schaden.

In diesem Sinn wünsche ich Ihnen eine anregende, unterhaltsame und informative Lektüre, die durch eine bunte Mischung an historischen und aktuellen Fotos sowohl zeitgenössische Eindrücke als auch zusätzlich sachliche Informationen bietet.

Viel Spaß beim Blättern, Lesen und Stöbern.

Winsen/Aller im Januar 2023
Lars Döhmann

Inhalt

Legenden

Alltagshelden

Exoten

Volkswagen Typ 2 1950–1966

Der Bulli, der nicht so heißt

Im März 1950 beginnt die Serienproduktion des Typ 2 zunächst nur als Kastenwagen. Im Juni folgen die Varianten Kombi und Bus. Im April 1951 wird der Bus als luxuriöser Samba präsentiert und im September 1952 folgt eine Version mit Pritsche.

Der Bulli als Pritschenwagen überzeugt als praktisches, robustes Nutzfahrzeug

Im Herbst 1948 fällt der Beschluss der führenden Verantwortlichen bei Volkswagen, ein zweites Modell auf den Markt zu bringen und den Transporter zu fertigen. Da waren die niederländischen Brüder Ben und Wijnand Pon schon als Generalimporteure von Volkswagen bestätigt. Ben hatte bereits 1947 unter Vorlage einer berühmt gewordenen Notizbuch-Skizze ein kastenförmiges Nutzfahrzeug zum Bau vorgeschlagen. Der Frontlenker mit Heckmotor sollte 750 Kilogramm wiegen und ebenso viel transportieren können. Zunächst aber sorgt die Währungsreform 1948 für die D-Mark, und so kommt nicht nur Schwung in die deutsche Wirtschaft. Heinrich Nordhoff ist Generaldirektor und entscheidet sich im Herbst des Jahres für die Entwicklung und den Bau eines Transporters.

Dieser Transporter geht unter der internen Bezeichnung Typ 29 in die Entwicklung, an der dann ehemalige Porsche-Mitarbeiter beteiligt sind. Etwa Josef Kales als Konstrukteur von Fahrwerk und Aggregaten und Rudolf Ringel als Leiter des Versuchsbaus. Die zunächst kantige, aus planen Blechen geformte Front wäre zwar günstig zu produzieren, erweist sich im Windkanal als ungünstig. So kommt es dann zu einer gerundeteren Front auf Basis eines Vorschlags der Technischen Hochschule Braunschweig, die deutlich weniger Luftwiderstand bietet. Im März 1949 geht der erste Versuchswagen an den Start. Leiter der technischen Entwicklung bei Volkswagen ist Alfred Haesner, als der Typ 2 konstruiert wird. Er übernimmt den Posten bereits 1948 und ist bis Ende 1951 bei Volkswagen. Als promovierter Ingenieur wirkt er von 1925 bis 1934 als Chefkonstrukteur in der Versuchsanstalt für Kraftfahrzeuge an der Technischen Hochschule Berlin. Bis 1945 arbeitet er für die Phaenomen-Werke. Von VW wechselt er zu Ford.

Der VW-Transporter eignet sich für verschiedenartige Anwendungen

Zurück zum neuen Volkswagen: Der basiert auf einem Käfer-Fahrgestell. Schnell stellt sich heraus, dass es den Belastungen nicht gewachsen ist. Die Entwicklung eines selbsttragenden Aufbaus wird begonnen. Nordhoff macht Druck und will noch 1949 mit der Serienfertigung beginnen. Das klappt dann zwar nicht, aber im November darf sich die Fachpresse das Fahrzeug anschauen, das aus markenschutzrechtlichen Gründen nicht Bulli heißen darf. Der Lieferwagen überrascht positiv mit großem Laderaum und ausgewogener Gewichtsverteilung. Ab Februar 1950 entsteht dann die erste Serie des vorerst nüchtern VW Lieferwagen genannten Produkts – zunächst nur als Kastenwagen mit verblechtem Laderaum.

Anders als der Käfer baut die erste Generation dieses Fahrzeugs nicht auf einem Plattformrahmen auf, auf den die Karosserie aufgeschraubt wird. Der Karosseriekörper ist fest mit dem aus umlaufenden Rahmenprofilen, zwei Längs- und mehreren Querträgern bestehenden Trägerrahmen verbunden. Das bringt Stabilität, auch gegen Verwindungen. Der offizielle Verkaufspreis beträgt 5850 Mark. Die absolut primitiv ausgestatteten Fahrzeuge sind allein in der Farbe blau lieferbar. Händler können für etwas Ausstattung sorgen und mit Grundierung bestellte Fahrzeuge in einer Fachwerkstatt mit gewünschter Farbe versehen werden. 1950 sind Winker nicht außergewöhnlich. So hat der Transporter diese seitlich aus der Karosserie herausklappenden Fahrtrichtungsanzeiger, die sowohl dem Verkehr von vorne als auch dem nachfolgenden entsprechende Richtungswechsel ankündigen. Erst ab Anfang 1960 kommen dann Blinkleuchten zum Einsatz. Dabei montiert Volkswagen vorne über den Scheinwerfern warzenförmige Blinker. Die minimalistischen Rückleuchten werden gleichzeitig größer und integrieren die Blinkleuchten. Für den US-Markt sind vor allem die Scheinwerfer anders als in Europa: Vorschrift im US-

Rundscheinwerfer und Warzenblinker, großes Logo und geteilte Frontscheibe

Der VW Lieferwagen erobert schnell verschiedene Einsatzgebiete

Viele T1 wie diese frühe Ausführung sind in der Bulli-Werkstatt in Hannover zu sehen

Kleines Heckfenster, winzige Rückleuchten, große Motorklappe

Markt sind Sealed-Beam-Scheinwerfer: Lichtquelle, Reflektor und Gehäuse sind eine untrennbare Einheit, die im Falle eines Defekts komplett getauscht werden muss.

Zum Ende des Jahres 1950 ist die Jahresproduktion 1951 bereits ausverkauft – das deutsche Wirtschaftswunder nimmt Fahrt auf. Für VW läuft das Geschäft gut, trotz aufkommender Konkurrenz durch den Ford FK 1000 (Transit) und andere. Im April 1951 eröffnet Bundespräsident Theodor Heuss die erste Nachkriegs-IAA in Frankfurt. Dort präsentiert Volkswagen das Sondermodell eines Transporters, einen vergleichsweise luxuriös ausgestatteten Bus, der den Spitznamen "Samba" bekommt.

Die verblechten Seiten sind einer Rundum-Verglasung gewichen, und auch im Dach gibt es Fenster. Sie bestehen wie die hinteren Eckfenster aus Plexiglas. Mit elegant wirkender Zweifarb-Lackierung, vielen Chrom-Anbauteilen und einem Faltschiebedach streift der Bus sein Arbeits-Outfit ab, was auch durch verkleidete Seitenwände, einen Dachhimmel, Armlehnen und ein über die ganze Wagenbreite reichendes Armaturenbrett betont wird. 23 Fenster und ein großes Faltschiebedach: Dies sorgt für einen lichten Innenraum und aufklappbare Safari-Frontscheiben wie seitliche Dreiecksfenster sorgen für beste Durchlüftung. Die seitliche Barndoor gibt es rechts und auf Wunsch und natürlich gegen Aufpreis auch links. Das durchgehende Armaturenbrett ist im Samba immer serienmäßig. Mit einem Tachometer und einer Zeituhr bestückt, kann es dennoch nur als extrem schlicht bezeichnet werden. Der Samba profitiert in der Folge von diversen Modifikationen an der Transporter-Serie. 1953 kostet er knapp unter 9000 Mark und wird gerne als Kleinbus betrieben, etwa mit der Funktion eines Flughafen-Zubringers.

Transporter für die Feuerwehr: 1964 mit größeren, flachen Blinkleuchten

Damit sich das noch besser in der Kasse auszahlt, erhöht das Unternehmen die Verkaufspreise zu Anfang des Jahres 1952. Die Nachfrage steigt dennoch. Großen Anteil daran hat die Erweiterung des Programms. Unter anderem das Angebot eines Pritschenwagens ab September 1952 trägt dazu bei. Im Oktober kommt dieses Arbeitstier dann auf den Markt. Er hat eine nicht zu hoch positionierte, durchgehende und ebene Ladefläche. Unter der Pritsche gibt es einen abschließbaren Stauraum, Tresor genannt.

Zwar hatte es schon mehr als zwei Jahre zuvor ein ähnliches Fahrzeug gegeben, doch das bleibt ein in Handarbeit in der Abteilung Versuchsbau hergestellter Wagen. Um die praktische Ladefläche hinter der Fahrerkabine sinnvoll realisieren zu können, muss Volkswagen einige Änderungen vornehmen. So bekommt das Reserverad einen neuen Unterbringungsort. Es liegt nicht mehr über dem Motor, sondern steht hinter dem Beifahrersitz. Um die Ladekantenhöhe zu reduzieren, verlegt VW außerdem den Tank aus dem Motorraum in den Bereich rechts über der Hinterachse, weshalb auch der Tankeinfüllstutzen an diese Fahrzeugseite wechselt. Bei der 1952 eingeführten Pritsche gibt es zwischen den Achsen und unter der Ladefläche einen via Klappe zugänglichen Stauraum mit mehr als zwei Kubikmetern Volumen.

Der Transporter als Kleinbus ist nützlich zur Ausübung von Freizeitaktivitäten

Die Ladefläche aus gewelltem Stahlblech ist zunächst 4,2 Quadratmeter groß. Sie wird von Holzleisten geschützt. Die Bordwände lassen sich wegklappen. Mit einem Einstandspreis von 6100 Mark ist der Bulli mit Pritsche das preiswerteste Transporter-Modell. In die USA werden zunächst nur insgesamt 93 Bullis exportiert. Mit einer Jahresproduktion von 28 417 Kastenwagen, Kombis, Kleinbussen und Pritschen steigt das Volumen im Jahr 1953 – der Pritschenwagen hat einen Anteil von rund 20 Prozent. Und Volkswagen unter Heinrich Nordhoffs Führung will weiter wachsen: Es kommt zur Gründung von Volkswagen do Brasil in der Nähe von Sao Paulo. Trotz erwachenden Wettbewerbs durch andere Hersteller liegt der Bulli in der Käufergunst vorn. Immerhin kommt mit dem Ford Transit ein ernsthafter Gegner auf. VW ist daher gut beraten, seinen vielseitigen Transporter laufend zu aktualisieren und zu verbessern, etwa mit der Synchronisierung des Getriebes (Gänge zwei, drei und vier), einer stärkeren Lichtmaschine und weiteren Maßnahmen. Im ersten VW Bus ist das Getriebe noch unsynchronisiert, ab 1952 sind die Gänge zwei bis vier dann synchronisiert. Erst ab 1959 ist übrigens auch die erste Fahrstufe synchronisiert und kann, bei gleichzeitig geänderten Übersetzungsverhältnissen, ohne Zwischengas zu geben kratzfrei eingelegt werden.

Schon 1954 rollt der 100 000ste Transporter vom Band, doch die Produktion hinkt immer noch hinter der Nachfrage her. Bis zu 170 Wagen pro Tag können gefertigt werden, aber der Vertrieb könnte 300 verkaufen. Zur Beseitigung dieses Engpasses wird als zusätzlicher Standort für die Produktion schließlich Hannover ausgewählt. Das Gelände liegt am Mittellandkanal.

1954 wird der Transporter technisch überarbeitet, bekommt mehr Hubraum und Leistung. Zum Ende des Jahres werden auch Stoßstangen vorn und hinten bei allen Ausführungen serienmäßig verbaut. Der Bulli selbst erhält mit 1,2 Litern Hubraum und 30 PS eine Stärkung, und alle Ausführungen bekommen eine hintere Stoßstange serienmäßig. Trotzdem sinkt der Preis: Die Pritsche kostet ab März 1954 nur noch 5725 Mark. Mit tiefer greifenden Änderungen geht es im Frühjahr 1955 weiter: Die Kabine bekommt eine neue Frischbelüftung, das Heckfenster wird wie die Klappe größer. Wesentlicher noch für die Pritschenversion ist das neue Fahrwerk mit breiterer Spur, 15 Zoll statt 16 Zoll großen Rädern und verbesserten Bremsen sowie weicherer Federung.

Das zulässige Gesamtgewicht erhöht sich auf 1850 Kilogramm. In die USA werden immerhin 3189 Fahrzeuge vom Typ 2 verschifft. Mit über 40 Prozent Marktanteil ist der Transporter von VW den Wettbewerbern in Deutschland schwungvoll davon gefahren. Im Februar 1955 kauft Volkswagen schließlich in Hannover-Stöcken ein Grundstück mit einem Quadratkilometer Größe und beginnt schon am 1. März mit dem Bau. Nur ein Jahr später nimmt das neue Werk am 8. März 1956 seine Arbeit auf. Knapp 50 000 Transporter sollen bis Ende des Jahres entstehen, als dann hier fast 5000 Mitarbeiter beschäftigt sind. Denen und vielen anderen Deutschen wird das Thema Urlaub immer wichtiger und Westfalia macht immer bessere Geschäfte mit seiner Umrüstung des VW Bus zum Reisemobil als Westfalia-Campingbus. Vorerst noch wird aber in der Regel 48 Stunden lang pro Woche gearbeitet.

Das Modelljahr 1955 bringt dem Bus eine höhere Frontscheibe und darüber eine Dachhutze, die in Verbindung mit der neuen Frischbelüftung für Fahrerhaus und Ladeabteil zu sehen ist. Technisch sorgt die Verlegung des Motor-Kühlgebläses, die Verlagerung des Reserverads und der seitlich hän-

VW Bus als Freizeitbegleiter mit zweiflügeliger Seitentür

Auch die Ordnungsmacht benutzt den vielseitigen Volkswagen

Erweiterter Laderaum mittels Dachgepäckträger

Samba-Bus mit Dachfenstern und Chromzierrat

gende Ölbad-Luftfilter für eine Vergrößerung des Laderaums mit besserer Zugänglichkeit. Für komfortables Reisen ist der Samba-Bus mit üppigem Chrom-Zierrat, den Klapptüren auf der rechten Seite und dem großen Verdeck noch besser geworden. Er rollt auf 15 statt vorher 16 Zoll Rädern und hat verstärkte Bremsen. Die Federung ist vorne weicher, die Stoßdämpfer hinten arbeiten mit größerem Hub und die Sitzbank vorne ist weicher und dicker gepolstert.

Exakt sechs Jahre nach dem Start der Serienfertigung des Typ 2 nimmt das neue Nutzfahrzeugwerk in Hannover seine Arbeit auf. Trotz einer immens groß erscheinenden Kapazität von bis zu 500 produzierbaren Fahrzeugen täglich, sollte das bald nicht mehr ausreichen, um die weltweite Nachfrage befriedigen zu können. Allein in die USA gehen 1956 genau 7375 Typ 2. In diesem Jahr wird Volkswagen of South Africa als Montagebetrieb gegründet.

1957 baut Volkswagen in Hannover eine zweite Halle, die Platz bietet für eine erweiterte Motorenfertigung. Schon im Sommer rollt der 100 000ste Transporter aus dem Werk in der niedersächsischen Landeshauptstadt. Der US-Markt nimmt rund 19 000 Fahrzeuge auf. Diese sind an einem erweiterten Rammschutz auf den Stoßfängern zu erkennen. Technische Änderungen des Modelljahrgangs beschränken sich auf Kleinigkeiten: So wird die Kupplung leichtgängiger, der Motor bekommt größere Ölkanäle und die Öl-Ablassschraube ist magnetisch. Zudem sind die Außenspiegel etwas tiefer montiert – kontinuierliche Modellpflege halt. Die besonders breite Ladefläche mit einem Aufbau aus Holz kommt ebenfalls 1957: Auf der Nutzfahrzeug-Messe zeigt Volkswagen neben diesem als Großraum-Pritschenwagen bezeichneten Fahrzeug weitere Sonderfahrzeuge wie die Doppelkabine, einen Pritschenwagen mit Nachläufer oder mit Kofferaufbauten sowie den Westfalia-Campingbus, der ab 1957 offiziell als Volkswagen angeboten wird.

1958 gelangt der Großraum-Pritschenwagen ins normale Lieferprogramm. Die Ladefläche ragt über die seitlichen Konturen des Fahrerhauses hinaus. Die Pritsche mit mehr Nutzfläche ist auf Wunsch in Holz oder Stahl ausgeführt. Alle Typ 2 erhalten eine kräftigere Stoßstange, geänderte Rückleuchten und Windschutzscheiben aus Sicherheitsglas. Inzwischen arbeiten fast 7000 Menschen im Werk in Hannover. Sie haben 1958 über 100 000 Fahrzeuge hergestellt, während parallel die ersten Wagen in Brasilien vom Band rollen. Anfang 1959 erscheint der Pritschenwagen auch mit Doppelkabine und dritter Tür auf der Beifahrerseite. Die Pritsche ist entsprechend verkürzt.

Im August 1959 kann Volkswagen bereits auf eine halbe Million gebauter Typ 2 zurückblicken. Endlich bekommt

Begegnung von Brezelkäfer und Transporter, Ponton-Mercedes im Hintergrund

Guter Einblick in die Raumökonomie

Bereit für die Verkehrsüberwachung

Sambabus mit Rollschiebedach zwischen Artgenossen

Mangel an Einsatzmöglichkeiten gibt es nicht

Die sogenannte Barndoor, zweiflügeliger, seitlicher Zugang

Continental nutzt den VW Bus als Sympathieträger

Sambabusse sind zunehmend teure, kultige Oldtimer

er ein vollsynchronisiertes Getriebe mit angepasster Übersetzung, denn an diesem Bauteil haben die Fahrzeugnutzer allerhand zu kritisieren. Das vergrößerte Kurbelgehäuse nimmt eine verstärkte Kurbelwelle auf, beatmet wird das Triebwerk über jetzt schräg statt parallel hängende Ventile. Auch der Modelljahrgang 1960 erscheint verbessert.

Die Winker entfallen und weichen Blinkleuchten, die durchgehende Sitzbank ist dreifach verstellbar, die Scheinwerfer strahlen asymmetrisches Licht aus, der Handbremshebel wird erneuert. Der überarbeitete Motor leistet nun 34 PS, passend dazu werden die Bremsen leistungsfähiger ausgelegt. So ist 1960 auch im Export ein gutes Jahr, 35 697 Typ 2 erreichen die USA. Nach wie vor ist der Transporter bei den Kunden beliebt, sogar mit steigender Tendenz. Doch nach zehn Jahren Bauzeit denkt Volkswagen intensiv über einen Nachfolger nach. Bei rund 70 Prozent Marktanteil in Deutschland ist der Druck jedoch nicht sehr groß. Seit 1950 hat Volkswagen 678 000 Transporter gebaut, davon 148 000 Busse und Samba-Sondermodelle. Allein 1961 baut Volkswagen mehr als 150 000 weitere Transporter.

Insgesamt 129 000 Pritschenwagen entstehen in den Jahren seit Produktionsbeginn, doch eine Ablösung will die Konzernleitung noch nicht. Im deutschen Markt ist der Transporter in seinem Segment unangefochten. 1961, im Jahr des innerdeutschen Mauerbaus, tut sich am Transporter wenig. Mit neuem Getriebe und verbessertem Schaltgestänge sowie einigen optimierten Details, etwa einer Tankuhr im Cockpit, bleibt der Typ 2 auf dem Laufenden. 1962 kann Volkswagen am 2. Oktober schon wieder einen neuen Meilenstein melden: Der millionste Typ 2 rollt vom Band. Für ihn gibt es jetzt auch Einzelsitze vorne, weshalb ein bequemerer Durchgang zwischen ihnen nach hinten möglich ist. Und die Evolution geht weiter. In diesem Jahr arbeiten bereits 20 000 Beschäftigte in Hannover bei VW, und am 2. Oktober läuft der millionste Transporter vom Band. Für die US-Version gibt es seit Januar Befestigungspunkte für Bauchgurte. Die Exportmodelle sind sonst nur auf Wunsch mit Befestigungspunkten für Sicherheitsgurte ausgestattet. Im Sommer des Jahres bekommt der Bus dann auch endlich einen Einzelsitz für den Fahrer – mit stufenlos regulierbarer Lehne. Mit Änderungen an Saugrohr, Zylinderkopf und Ventilsitzringen geht es motorseitig weiter, die Kupplung bekommt einen größeren, der höheren Leistung angepassten Durchmesser. Neue Achsschenkellagerungen sind weitere Anpassungen wie die neue Vorwärmung der Ansaugluft, ein Wärmetauscher mit Rippen sowie eine überarbeitete Heizung für den Innenraum.

Nordamerikanische Typ 2 bekom-

Gehegt und gepflegt: Sambabus beim Sonntagsausflug in Mardorf

men auch den 1500er-Motor mit 42 PS. Beim Pritschenwagen liegt das Reserverad dann unter der Ladefläche, die Radhausausschnitte werden größer, Motor und Fahrwerk überarbeitet, die Heizung verbessert. 1963 steigert VW die Produktion des Typ 2 weiter. Ab diesem Jahr bietet Volkswagen den Transporter auch in Deutschland mit dem 1,5 Liter großen Motor an. 350 Mark Aufpreis werden dafür verlangt. Darin sind immerhin verstärkte Vorderachse, Achsschenkel und Stoßdämpfer enthalten, ebenso angepasste Bremsen und eine stärkere Lichtmaschine sowie eine längere Achsübersetzung. Weitere 250 Mark Mehrpreis verlangt Volkswagen für die nun lieferbare Schiebetür, deren einmalig blechernes Schließgeräusch noch heute unvergesslich in den Ohren rauscht. Heckfenster und Heckklappe werden größer, während beim Sondermodell die Fenster in den hinteren Säulen entfallen: 21 statt 23 Fenster. Noch ist die 12-Volt-Elektrik eine Sonderaus-

Eine Schiebetür anstelle der Barndoor gibt es ab 1963 für 250 Mark Aufpreis

stattung. Der Jahrgang ist auch an flächigen statt warzenförmigen Blinkern zu erkennen. Eine 12-Volt-Elektrik bleibt vorerst Sonderausstattung. Als Sondermodell gibt es den Typ 2 auch mit einer Tonne Nutzlast, der Raddurchmesser verkleinert sich von 15 auf 14 Zoll.

1964 erreicht der Transporter international gesehen den Zenit, denn es werden über 200 000 Typ 2 in allen Werken zusammen gebaut. 1964 laufen die Typ 2 ab Januar auf 14 Zoll großen Rädern mit schlauchlosen Reifen. Die seitliche Schiebetür wird zum Standard für alle Personentransporter. Als Mehrausstattung gibt es sie auch für die linke Seite. Innenspiegel und Scheibenwaschanlage sind in der erweiterten Grundausstattung endlich enthalten.

Trotz dieser Verbesserungen ist die Produktion 1965 rückläufig, die Absatzzahlen des Typ 2 sinken. Der Jahrgang ist leicht identifizierbar an Belüftungsschlitzen, die nach innen weisen sowie dem größeren Heckfenster. 44 PS Motorleistung bei reduzierter Verdichtung gehen auf einen anderen Vergaser und einen größeren Saugrohrdurchmeser samt größerer Ventilteller zurück. Die Vorderachse erhält einen Stabilisator, die Stoßdämpfer zeigen mehr Durchmesser. Spürbar besser ist die Schaltbarkeit des Getriebes dank geänderter Hebelübersetzung. Die 44 PS-Version wird zum Normalfall und VW verbessert den Bus auch 1966 im Detail. 1967 kommt der Nachfolger – ganz ohne Samba.

Die bei Volkswagen schlicht als Sondermodell bezeichnete Version des Typ 2 bekommt erst Anfang der 1950er-Jahre im Volksmund den Namen Samba. Er hat sich zu einem ganz besonderen Liebling nicht nur bei der Generation „Woodstock" entwikkelt und eine riesige Fangemeinde. Entsprechend verläuft die Entwicklung der Preise für diese Oldtimer. Die zwischen 1951 und 1955 entstandenen Fahrzeuge mit 23 Fenstern werden 2012 als preislich stabil mit 15 000 Euro (Zustand 4) bis 64 000 Euro (Zustand 1) bewertet. Nur sechs Jahre später sind diese Fahrzeuge nicht mehr so „billig" zu bekommen: 2018 werden zwischen 43 900 Euro und 150 000 Euro genannt. Bei den Sambas von 1955 bis 1963 heißt es 2012: 14 000 bis 61 000 Euro, bei den Sambas mit 21 Fenstern (1963 – 67) sind es 13 200 bis 59 000 Euro. Zum Vergleich die Angaben im Jahr 2018: 40 300 bis 140 000 Euro und 33 000 bis 119 000 Euro. Bei Auktionen sind aber auch knapp 200 000 Euro für einen ausgezeichnet schönen Samba-Bus erzielt worden! Das konnte in den 50er-Jahren keiner ahnen.

Typ 2 Sondermodell (Samba)

Motor
Typ: Luftgekühlter Vierzylinder-Boxermotor längs hinter der Hinterachse eingebaut, 1131-1493 cm³ Hubraum, Bohrung x Hub: 76 x 64, 77 x 64 und 83 x 69 mm, Verdichtung: 1:5,8–1:7, 25 PS bei 3300 /min, 30 PS bei 3600 min, 42 PS bei 3800 /min, 44 PS bei 4000 /min, Gemischaufbereitung mit Vergaser Solex 26 VFJ bzw. Solex 28 PCI, Kraftstoffbedarf Normalbenzin

Antrieb
Hinterradantrieb, Vierganggetriebe mit Mittelschaltung (1. Gang unsynchronisiert), ab 1959: vollsynchronisiert

Fahrgestell
Kleinbus mit zweitüriger Kabine und Seitentür(en), mittragende Ganzstahlkarosserie, Hilfsrahmen aus Kasten-, Längs- und Querträgern, Spindellenkung, vorne Kurbellenker oben und unten, zwei Federstäbe quer, hinten Eingelenk-Pendelachse mit Längslenker, pro Seite ein Federstab quer, hydraulisch betätigte Trommelbremsen

Abmessungen
Länge: 4300 mm, Breite: 1800 mm, Höhe: 1940 mm, Radstand: 2400 mm, Spurweite vorn/hinten: 1356 / 1360 mm, 1370 / 1360 mm, Gewicht: 1110-1225 kg, Tankvolumen: 40 Liter

Fahrleistungen
Verbrauch: 10 Liter / 100 km, Höchstgeschwindigkeit: 85-100 km/h, Neupreis 1963: 8940 DM, Stückzahlen (1950–1967) gesamt: über 1,8 Millionen Typ 2

Typ 2 Pritschenwagen

Motor
Luftgekühlter Vierzylinder-Boxermotor längs hinter der Hinterachse eingebaut, 1131-1493 cm³ Hubraum, Bohrung x Hub 76 x 64, 77 x 64 und 83 x 69 mm, Verdichtung: 1:5,8–1:7, 25 PS bei 3300 /min, 30 PS bei 3600 / min, 42 PS bei 3800 / min, Kraftstoffbedarf Normalbenzin, Gemischaufbereitung: Vergaser Solex 26 VFJ bzw. Solex 28 PCI

Antrieb
Hinterradantrieb, Vierganggetriebe mit Mittelschaltung (1. Gang unsynchronisiert), ab 1959: vollsynchronisiert

Fahrgestell
Zweitüriger Pritschenwagen mit mittragender Ganzstahlkarosserie, Hilfsrahmen aus Kasten-, Längs- und Querträgern, Spindellenkung, vorne Kurbellenker oben und unten, zwei Federstäbe quer, hinten Eingelenk-Pendelachse mit Längslenker, pro Seite ein Federstab quer, hydraulisch betätigte Trommelbremsen

Abmessungen
Länge: 4140 mm, Breite 1710 mm, Höhe: 1890 mm, Radstand: 2400 mm, Spurweite vorn/hinten: 1356 / 1360 mm, 1370 / 1360 mm, Gewicht: 1035-1050 kg, Tankvolumen: 40 Liter

Fahrleistungen
Verbrauch: 10 Liter / 100 km, Höchstgeschwindigkeit: 85-105 km/h, Neupreis 1963: 5745 DM, Stückzahlen (1952-1966): ca. 360 000 (inkl. Doppelkabine)

Verchromtes Logo, zweifarbige Lackierung und große, flache Blinker trägt dieses Schmuckstück

Volkswagen Käfer 1200 1953–1957

Der Ovali-Käfer

Schon im Sommer 1945 produziert Volkswagen wieder Autos in bescheidenem Umfang. Der Käfer als Standard-Modell wird bis Dezember 1953 gebaut und 1949 um das Export-Modell ergänzt. Das ab 1953 verbaute ovale Rückfenster ist eine von vielen laufenden Verbesserungen.

Der Grundstein für das Volkswagenwerk wird im Mai 1938 gelegt und gleichzeitig der Volkswagen erstmals der Öffentlichkeit präsentiert. Er gilt als hochmoderner Kleinwagen und findet weite Beachtung. Zur Serienfertigung in großem Stil kommt es aus bekannten Gründen zunächst nicht, und im Mai 1945 sind rund 60 Prozent des Werks zerstört. Doch schon im Sommer läuft die Produktion dort mit noch vorhandenen Teilen wieder an: Es entstehen Kübelwagen (Typ 82) und Limousinen (Typ 51) und Schiebedach-Limousinen (Typ 53). Auch zwei Allradler (Typ 287), basierend auf dem „Kommandeurswagen" Typ 87, entstehen.

Ende 1945 geht dann der Typ 11 in Serie, der Standard-Käfer. Über 10 000 Käfer werden 1946 gebaut, 1947 etwas weniger. Doch dann steigen die Zahlen. 1949 ergänzt das umfangreicher ausgestattete Export-Modell (Typ 11a) das Angebot, und auch eine zweite Baureihe kommt als Transporter auf die Räder. 1952 sind es schon über 114 000 Käfer, die gebaut werden.

Bis Dezember 1953 werden der Standard-Käfer und das Export-Modell gebaut mit dem geteilten Heckfenster (Brezelfenster). Bereits am 10. März 1953 zeigt Volkswagen eine weiter überarbeitete Version mit ovalem Rückfenster ohne Mittelsteg. Der Brezelkäfer wird also zum Ovali: Am 10. März 1953 verlässt der erste Käfer mit der ungeteilten, ovalen Heckscheibe das Werk. Im Vergleich zum vorher verwendeten Fenster aus zwei Hälften ist die Fläche um immerhin 23 größer. Nicht wenige früher gebaute Käfer werden in der Folge in privater Hand modernisiert, indem Besitzer den Steg absägen und die durchgehende Scheibe aus dem Ersatzteilhandel einbauen.

In der Serie sind viele andere Verbesserungen vorausgegangen. Anfangs hat das schlichte Standard-Modell ohne Chromverzierungen mit einfacher grauer oder schwarzer Lackierung, schwarzem Dreispeichen-Lenkrad und

Käferentwicklung mit Stand 1937 in der VW-Sammlung

Vor 1937 liegen die Scheinwerfer enger beieinander als 1937

Mit geteilter Heckscheibe: sogenannter Brezel-Käfer

der Vordersitz-Verstellmöglichkeit über Flügelschrauben eine Motorleistung von 25 PS – wie das Export-Modell. Verchromte Zierleisten, Türgriffe, Scheinwerferringe, Radkappen und Stoßstangen dokumentieren den Unterschied zum Standard-Käfer wie auch die bessere Innenausstattung. Für den Export-Käfer gibt es ab Juli 1949 außerdem Kunstharzlackierungen in mehreren Farben, ein hellbeiges Zweispeichen-Lenkrad und während der Fahrt verstellbare Vordersitze. Hier kann die vordere Haube von innen entriegelt werden und die Schalldämmung ist verbessert worden.

Technisch fällt die Vorderachse mit Teleskop- statt Hebel-Stoßdämpfern auf. Ab September 1949 entfällt die Andrehkurbel für den Motor. 1950 bringt weitere Veränderungen für den Export-Käfer: Fünfblatt-Federstäbe vorn werden verbaut ab Januar, die hydraulische Fußbremse, eine thermostatische Kühlluftregulierung, Schalldämpfer in den Heizungskanälen und Ausschnitte in den Türfenstern gehen in Serie. Das Faltschiebedach als Sonderausstattung kostet 250 Mark. Über Seilzüge betätigte Trommelbremsen beim Käfer haben 230 mm Durchmesser, sind 30 mm breit und weisen 520 cm^2 Bremsfläche auf. Seit Mai 1950 erfolgt die Bremsbetätigung beim Export-Modell hydraulisch. Die Einführung dieser

Das Käfer Cabrio wurde von Anfang an mit entwickelt

Technik beim Standard-Käfer folgt erst im April 1962.

1951 werden Luftklappen im vorderen Fußraum eingeführt, doch sie werden im Herbst 1952 wieder abgeschafft, weil sie für Zugluft sorgen. Den Jahrgang 1951 kann man auch am Zierrahmen um die Frontscheibe erkennen oder das seither verwendete Wolfsburger Wappen auf der vorderen Haube. Technisch verbessert zeigt sich der Wagen durch Teleskop-Stoßdämpfer an der Hinterachse und eine wirksamere Heizung. Es gibt ab April 1951 auch Türkontaktschalter für die Innenraumbeleuchtung. Das Nockenwellen-

Frühes Käfer Cabriolet mit geschlossenem Verdeck

Farbiges Wolfsburg-Logo

Export-Käfer mit verchromten Bauteilen

Zahnrad besteht nun aus Kunststoff. Erst ab Oktober 1952 erfreut das Getriebe mit der Synchronisierung von zweitem bis viertem Gang – der Standard-Käfer bleibt bis 1964 ohne Synchronisierung.

Beide Versionen werden aber umgestellt auf 15 Zoll große Räder. Anfang der 1950er-Jahre werden die Räder des Käfers etwas kleiner und weisen nur noch 15 statt 16 Zoll Durchmesser auf. Ab Juli 1956 kommen schlauchlose Reifen in der Dimension 5,60 - 15 zum Einsatz. In etlichen Details profitiert die Export-Ausführung, etwa durch vergrößerte Federwege mit Sechsblatt-Federstäben vorn und dünnere Federstäbe hinten. Anstelle der symmetrischen Armaturentafel mit Instrumenten in der Mitte ist sie neu gestaltet und weist jetzt den Tachometer hinter dem Lenkrad und vor dem Beifahrer ein abschließbares Handschuhfach auf. Für die Heizung gibt es einen Drehknopf, die Scheibenwischer ruhen in einer Endstellung. Das bis dahin gebräuchliche Einzelbremslicht in der Kennzeichenbeleuchtung wird abgeschafft, denn nun gibt es Bremslichter im Gehäuse der kleinen Schlussleuchten.

Die ausstellbaren Dreiecksfenster in den Türen sorgen bei Bedarf für eine bessere Belüftung des Innenraums. Breitere, kräftigere Stoßstangen und ein Knebelgrifff für die Motorhaube runden die Maßnahmen ab. Ab März 1953 gibt es das ovale Rückfenster, und außer einer verbesserten Übersetzung der Fensterkurbel ändert sich zunächst nichts Wesentliches. Dann aber gibt es ab Januar 1954 einen deutlichen Leistungsschub: 30 statt 25 PS. Der mit Muldenkolben ausgerüstete Motor ist sehr niedrig verdichtet (1:6,1), hat einen Ölbad-Luftfilter und einen Zünd-

Traktionsstärke sorgt beim Käfer für gute Wintereignung

Wirtschaftswunderzeit mit Sprengel-Schokolade und Käfer

verteiler mit Unterdruckverstellung. Der Generator leistet 160 Watt. Mit dem neuen Zünd-Anlass-Schloss steigt der Komfort. Bereits im August präsentiert sich das weiterhin 30 PS starke Triebwerk modifiziert mit Flachkolben und einer auf 1:6,6 gestiegenen Verdichtung. In vier Zylindern des Käfermotors arbeiten vier Kolben, deren Auf- und Abbewegungen über Pleuel auf den Kurbeltrieb wirken. Der Kolbenboden kann unterschiedliche Formen haben, steht mit dem Medium (hier. Benzin-/Luftgemisch) in Kontakt und wird auch als Feuersteg-Oberkante bezeichnet.

1955 bringt Volkswagen zahlreiche weitere Verbesserungen. Ab dann bietet der Gepäckraum unter der vorderen Haube mehr Volumen, nachdem der Kraftstoffbehälter anders geformt ist. Das Lenkrad zeigt symmetrisch angesetzte Speichen. Der Schalthebel liegt weiter vorn und ist gekröpft. Eine neue, vorverlegte Position findet auch der Heizungs-Drehknopf. Mehr Komfort versprechen die breiteren Sitze, deren Lehnen nun dreifach verstellbar sind. Am Motor fällt der Öleinfüllstutzen mit Schraubdeckel auf. Seine Abgase entlässt die Maschine durch einen Einkammer-Auspufftopf mit zwei Austrittsrohren. Die Rückleuchten weisen neu jetzt Zweifadenlampen für Brems- und

Nur ein Auspuffrohr am Brezel-Käfer

Rücklicht auf. Das Faltschiebedach kostet unverändert 250 Mark Aufpreis, besteht aber aus Kunststoff. Am 5. August 1955 rollt der millionste Käfer vom Band, ein in Goldmetallic auffällig lackiertes Jubiläumsexemplar, dessen Stoßstangen mit Glasperlen verziert und dessen Sitze mit edlem Brokatstoff bezogen sind. Das Einzelstück ist nicht für den Verkauf bestimmt und gehört bis heute zur Sammlung von historischen Fahrzeugen im Automobilmuseum des Herstellers in Wolfsburg.

1956 bringt dagegen wenig Neuerungen und nur die Umstellung auf schlauchlose Reifen erscheint bemerkenswert. So fährt der Käfer bis zum August 1957 in der Gunst der Käufer weiter ganz vorne mit, als das ovale Rückfenster dann gegen ein rechteckiges ausgetauscht wird. Gleichzeitig wird auch die Frontscheibe sichtlich vergrößert, die Armaturentafel neu gestaltet und die Rolle zum Gasgeben gegen ein Pedal ausgetauscht. Damit ist der Käfer längst noch nicht final modernisiert. Aber die Stückzahlen sind kräftig gestiegen. Entstehen 1953 gut 150 000 Käfer (und mehr als 28 000 Transporter), so sind es 1954 über 200 000 Fahrzeuge, 1955 fast 280 000, 1956 schon über 333 000 und 1957 mehr als 380 000 Käfer, die aus den Fertigungsanlagen bei Volkswagen rollen. Die besten Jahre sollen noch folgen: 1965 entstehen erstmals mehr als eine Million Käfer.

Erst ab 1972 gehen die Stückzahlen des Krabblers kontinuierlich zurück. 1975 sind es noch über 110 000 Käfer – Golf, Jetta, Passat und Transporter haben ihn überflügelt und der Polo ist auf einem guten Weg. Der Welterfolg des Käfers fällt also in die Zeit des langjährigen Generaldirektors Prof. Dr.-Ing. Heinrich Nordhoff, der vom 1. Januar 1948 und ab 1960 Vorstandsvorsitzender bis zu seinem Tod am 12. April 1968 die Geschicke der Marke und Modelle zu verantworten hat. Dabei gelten die Geschäftspolitik und beharrliche Konsequenz bei der Ausreifung des Käfers und seiner Produktion als wesentliche Erfolgsfaktoren neben dem als beispielhaft geltenden Kundendienst. Aber schon 1968 zeichnet sich ab, dass die Heckmotorkonzeption nicht die besten Zukunftschancen besitzt.

Bodengruppe des Käfers mit Zentralrohrrahmen

Die erste Million gebauter Käfer fällt in die Ovali-Zeit

VW Käfer 1955

Motor
Luftgekühlter Vierzylinder-Boxermotor, längs hinter der Hinterachse eingebaut, Getriebe vor der Hinterachse, 1192 cm^3 Hubraum, Bohrung x Hub 77 x 64 mm, Verdichtung: 6,1:1, ab 8/54: 6,6:1, 30 PS bei 3400/min, Fallstromvergaser Solex 28 PCI, Kraftstoffbedarf Normalbenzin

Antrieb
Hinterradantrieb, unsynchronisiertes Vierganggetriebe mit Mittelschaltung, Export: teilsynchronisiertes Vierganggetriebe

Aufbau
Zentralrohr-Plattformrahmen mit aufgeschraubter Ganzstahlkarosserie, zwei Türen, Spindellenkung, vorne Kurbellenker oben und unten, zwei Federstäbe quer, hinten Pendelachse, Längslenker, Federstäbe quer, mechanisch über Seilzug betätigte Trommelbremsen vorn und hinten, Export: hydraulisch betätigt

Abmessungen
Länge: 4070 mm, Breite: 1540 mm,
Höhe: 1500 mm, Radstand: 2400 mm,
Spurweite vorn/hinten: 1290/ 1250 mm,
Gewicht: 720 kg, Export: 740 kg,
Tankvolumen: 40 Liter

Fahrleistungen
Verbrauch: 8 Liter / 100 km
Höchstgeschwindigkeit: 112 km/h
Neupreis 1955: ab 3790 DM,
Export: 4850 DM
Stückzahlen (1954 bis 1957): ca. 1 190 000

Das Faltschiebedach ist ein beliebtes Extra

Klassischer Käfer vor historischer Kulisse

Continental und VW: niedersächsische Kooperation

Zusatzscheinwerfer am Käfer in Winterlandschaft

Die Sonnenschute als nützliches Extra gegen Blendung

Nach dem Ovali ging es für den Käfer weiter aufwärts

Volkswagen Karmann-Ghia Coupé und Cabriolet 1955–1974

Deutsch-italienische Schönheit

Das Karmann-Ghia Coupé kommt 1955 mit der Technik des Export-Käfers auf den Markt. Ab September 1957 ergänzt ein Cabriolet das Angebot. Der Aufpreis zum Coupé beträgt 750 Mark und macht das Cabrio mehr als doppelt so teuer wie den Käfer. Erst 1974 endet die Produktion.

Die Vision stammt von Wilhelm Karmann, dem Sohn des Unternehmensgründers: Sein Traum ist ein flotter Volkswagen auf Basis des Käfers und er wird initiativ. Karmann wendet sich an den neapolitanischen Designer Luigi Segre. Nur wenig später erhält der Karosseriespezialist Carozzeria Ghia S.p.A. in Turin den Auftrag zum Entwurf des neuen Volks-Sportwagens. Bereits im Herbst 1953 steht nach nur einem halben Jahr Arbeit der Entwurf mit einer als sehr harmonisch empfundenen Linienführung. Bald ist auch der VW-Chef Heinrich Nordhoff von dem auf dem Käfer-Chassis basierenden Coupé-Projekt überzeugt, das als Typ 14 registriert ist. Karmann bekommt den Auftrag zur Serienentwicklung. Im Juli 1955 darf die Presse das neue Fahrzeug bewundern und gerät schnell ins Schwärmen. Im September kann dann auch das Publikum im Rahmen der IAA in Frankfurt das Coupé bewundern. Da haben die Arbeiten an einer Cabriolet-Version bereits begonnen, denn die starten schon im Jahr 1954.

So weisen die beiden ersten Prototypen im Unterschied zum späteren Serien-Coupé noch eine durchgehende Stoßstange und keine Lüftungsgitter („Nasenlöcher") an der Front auf. Einer der beiden Prototypen soll dem Serienstand schon recht nahe sein und trägt bereits das Armaturenbrett mit den zwei großen Rundinstrumenten. Zunächst traut sich Karmann mit dem Cabriolet-Entwurf noch nicht, bei Volkswagen vorstellig zu werden. Aber nach der gelungenen Premiere des Coupés und der einsetzenden Nachfrage ändert sich das. Und die Reaktionen sind positiv: Volkswagen stimmt der Fertigung des Cabriolets zu. Dank der umfangreichen Erfahrung von Karmann mit Cabriolet-

Karmann-Ghia Cabriolet und Coupé in früher Serienform

Bremer Karmann-Coupé in den Alpen

Nix Wald und Wiese!

Deutsch-italienischer Erfolg

Mehr Chrom dank Stoßstangenbügel

Verdeckentwicklungen gelingt die Verwandlung und bestätigt die Einschätzung von Segre, dass es besser ist, aus einem Coupé ein Cabriolet zu machen als umgekehrt.

Wichtiges Know-how steuert der Konstrukteur Johannes Beeskow bei, der 1956 zu Karmann kommt und dort später Leiter der technischen Entwicklung wird. Der am 14. Februar 1871 geborene Wilhelm Karmann kommt aus Krefeld, arbeitet als Techniker in verschiedenen Wagenbaufabriken und träumt vom Bau eigener Motorwagen. 1899 ist er Betriebsleiter beim Kölner Elektromobilwerk Scheele, bevor er 1901 den renommierten Wagenbaubetrieb Christian Klages in Osnabrück übernehmen kann. Dort werden in der Folge Jagdwagen, Coupés, Landauer und Landaulets gebaut und repariert. 1902 entsteht im Auftrag von Dürkopp aus Bielefeld die erste eigene Karosserie. Arbeiten für Opel, Adler und andere Marken folgen, in den 1930er-Jahren ist internationales Renommée erworben. Das Werk liegt 1945 in Schutt und Asche, aber als der Senior 1952 stirbt, ist Karmann schon wieder eine Top-Adresse. Erst Ende 1989 gibt Wilhelm Karmann jun. übrigens die Leitung des Unternehmens ab.

Beeskow unterstützt die Idee vom Karmann Cabrio nachhaltig. Als Kompensation für das fehlende, Stabilität gebende Dach werden die Schweller mit zusätzlichen Stehblechen verstärkt, so dass die Karosserie weiterhin über die notwendige Verwindungssteifigkeit verfügt. Unterschiede auch im Detail: Zwei Winker als nach vorne und hinten signalisierende Fahrtrichtungsanzeiger sind beim Käfer noch bis August 1960 der Standard. Anders ist das beim Karmann-Ghia, denn das Coupé hat ab Produktionsstart im August 1955 die bis heute üblichen Blinkleuchten vorne und hinten wie auch das ab September 1957 gebaute Cabriolet. Damit sind die Karmann-Fahrzeuge an dieser Stelle dem Technik-Spender ein gutes Stück voraus. Ähnliches gilt für die Technik der Bremsen: Die Einführung von hydraulisch betätigten Trommelbremsen beim Standard-Käfer erfolgt erst im April 1962. Das Export-Modell, auf dem der Karmann-Ghia basiert, hat sie jedoch schon ab 1950. Erst ab 1966 kommen dann Zweikreis-Hydraulik und Scheibenbremsen vorne zum Einsatz.

Radio mit Stationstasten, Lenkrad mit Hupen-Halbring

Mit 8250 Mark Einstandspreis ist das Cabriolet schließlich nur 750 Mark teurer als das Coupé. Zum Vergleich: Der Standard-Käfer ist mit 3790 Mark noch viel günstiger als das Export-Modell für 4600 Mark, dessen Technik im Karmann-Ghia verbaut wird. Trotz der hohen Einstandspreise läuft der Absatz von Coupé und Cabrio sehr gut. Bei Karmann denkt man sogar über eine dritte Variante mit Hardtop nach und stellt diese auch 1958 auf die Räder, aber das leicht abnehmbare, mit Vinyl bezogene Hardtop samt voll versenkbarem, leichten Roadster-Verdeck darunter findet nicht den Weg in die Serienfertigung. So bleibt die Wahl zwischen Coupé und Cabrio. Beide Versionen übernehmen die wesentlichen technischen Änderungen und angepassten Ausstattungsausführungen des Export-Käfers in den folgenden Jahren.

1957 werden für den Modelljahrgang 1958 etliche Details eingeführt, etwa die Tankanzeige zwischen Tacho und Uhr an der Armaturentafel. Die Gas-Rolle hat ausgedient und weicht einem Pedal. Abweichend vom Käfer werden die Karmann-Ghias mit einem speziellen Lenkrad gesteuert, das über einen Hupen-Halbring verfügt. Sonnenblenden aus Hartplastik anstelle von transparentem Kunststoff, die dreifache Verstellbarkeit der Sitzlehnenneigung, die Gepäckraumauskleidung mit Veloursteppich und zweifarbige Kunststoff-Türseitenverkleidungen sind weitere Verbesserungen, die vom Käfer in den Karmann-Ghia wandern. Zugleich können die Kunden nun zwischen mehreren Außenfarben wählen, etwa Beigegrau, Aerosilber, Tukanschwarz, Bambus und Tiefgrün. Relevant fürs Coupé sind die möglichen Zweifarblackierungen. Kennzeichnend für den Jahrgang ist zudem, dass an der Wagenfront ein verchromtes VW-Emblem prangt anstelle des emaillierten Signets. Eine deutlich sichtbare Veränderung erfährt die Fahrzeuggestaltung zum August 1959: Mit größeren und weiter nach vorn verlegten Scheinwerfern, vergrößerten Lufteinlässen und erweiterten Radausschnitten wandelt sich das Erscheinungsbild, ohne sich nachteilig auf die gelungene Grundform auszuwirken. Es gibt nun eine Lichthupe, eine Armlehne an der Fahrertür, eine Scheibenwaschanlage sowie eine schräge Fußauflage für den Beifahrer. Die Rückleuchten mit nun drei separaten Lampen für die entsprechenden Funktionen sind ein weiteres optimiertes Detail.

Die Entwicklung ist indes längst nicht abgeschlossen. So bekommen Karmann-Coupé wie Cabrio ab August 1960 den Motor mit vier PS mehr und sind dann 34 PS stark. Es bleibt aber eine Kluft zwischen sportlicher Optik und zurückhaltenden Fahrleistungen. Der auf dem Typ 3 basierende größere Karmann-Ghia als Typ 34 ab 1961 mit 45 PS ist zwar etwas flotter, aber eben nicht als Cabrio zu haben. Das endlich vollsynchronisierte Getriebe beim Typ 14, bei dem auch der erste Gang ohne Zwischengas geschaltet werden kann, zählt zu den technischen Verbesserun-

Der Tankwart hilft den Karmann-Fahrern

gen wie auch das asymmetrische Abblendlicht. Erst ab 1965 steigt die Motorleistung auf 40 PS, ab dem Folgejahr wird der 1,5 Liter große 44 PS-Motor verbaut.

Dazu werden dann auch die Verzögerungsinstrumente aufgewertet: Es gibt Scheibenbremsen vorne. Der Modelljahrgang 1968 hat endlich eine 12-Volt-Elektrik und ist von außen erkennbar an der Tankklappe rechts, die sich ab dem Folgejahr auch von innen entriegeln lässt. So muss vor dem Tanken nicht erst der Gepäckraum geöffnet werden. Ab Juni 1969 erhält das Cabrio ein Heckfenster aus Glas anstelle von Kunststoff. Wenig später werden die runden Blinker vorne eckig. Ab August 1970 fährt der Karmann mit dem 50 PS leistenden Motor in Serie und es lassen sich bis zu 140 km/h Höchstgeschwindigkeit erreichen. Der Vorstand der Stiftung Volkswagen, Bernd Wiersch, meint dazu, dass der Karmann-Ghia "jetzt erst seinen Spitznamen „Hausfrauen-Porsche“ halbwegs“ verdiene.

Karmann-Ghias bereit zur Verschiffung

Ab Herbst 1971 rollen die Karmann-Ghias mit den größeren Stoßfängern vom Band, die oft als Eisenbahnschwellen bezeichnet werden: Kastenstoßfänger mit Gummieinlage. Größere Heckleuchten, eine schwarze Armaturentafel und ein Vierspeichenlenkrad mit Prallplatte sind weitere Änderungen. Ende Juli 1974 ist es dann vorbei nach über 440 000 gebauten Karmann-Ghias, von denen exakt 80 881 als Cabrios vom Band rollen. Zuletzt kostet das Cabrio 10 780 Mark, gut 1000 Mark mehr als ein Käfer 1303 LS Cabriolet. Der Karmann-Ghia-Cabrio-Jahrgang mit der größten Stückzahl ist übrigens von 1971, als immerhin 6565 Fahrzeuge produziert werden. Die Stückzahlen liegen in allen Jahren bei mindestens knapp 4000 Exemplaren, brechen dann aber 1972 auf unter 3000 ein. Daran dürften auch Wettbewerber wie Ford und Opel nicht ganz unschuldig sein, die modernere, stärkere Fahrzeuge im Segment auf den Markt bringen. 1974 kontert Volkswagen diese dann mit dem Modell Scirocco erfolgreich aus.

VW Karmann-Ghia Typ 14

Motor
Luftgekühlter Vierzylinder-Boxermotor, längs hinter der Hinterachse eingebaut, Getriebe vor der Hinterachse, 1192 cm³ - 1584 cm³ Hubraum, Bohrung x Hub ab 77 x 64 mm, Verdichtung 6,6:1, 30 PS bei 3400/min bis 50 PS bei 4000/min, Fallstromvergaser Solex 28 PCI, Kraftstoffbedarf Normalbenzin

Antrieb
Hinterradantrieb, teilsynchronisiertes Vierganggetriebe mit Mittelschaltung

Fahrgestell
Zentralrohr-Plattformrahmen mit aufgeschraubter Ganzstahlkarosserie, Spindellenkung, vorne Kurbellenker oben und unten, zwei Federstäbe quer, hinten Pendelachse, Längslenker, Federstäbe quer, hydraulisch betätigte Trommelbremsen vorn und hinten

Abmessungen
Länge: 4140 mm, Breite: 1634 mm, Höhe: 1330 mm, Radstand: 2400 mm
Spurweite vorn/hinten: 1290/ 1250 mm, ab 10/57: 1305/ 1250 mm, Gewicht: 820 kg, Tankvolumen: 40 Liter

Fahrleistungen
Verbrauch: 8 Liter/100 km, Hochstgeschwindigkeit: 118 km/h bis 140 km/h
Neupreis 1957: ab 8250 DM, Stückzahlen (1955 bis 1960): 14 547

Cockpit mit drei Rundinstrumenten

Zierliche Rückleuchten, sanfte Rundungen, zweifarbig lackiert

Volkswagen Käfer Cabriolet 1302 LS 1970–1972

Open Air Festival

Zu höchster Blüte kommt das Käfer Cabriolet ab 1970 durch kontinuierliche Verbesserungen. Als 1302 bietet er im Vergleich zum Vorgänger mehr Stauraum fürs Gepäck dank neuer Vorderachse. Das Top-Fahrwerk verkraftet die moderaten Fahrleistungen mühelos.

Schon 1936 entsteht auf der Basis der ersten Versuchsmodelle auch ein Käfer Cabriolet-Prototyp. Doch es soll noch lange dauern, bevor die ersten Bürger in den Genuss eines solchen Fahrzeugs kommen können. Mit Heinrich Nordhoff als VW-Chef wird dann erstmals die zivile Serienfertigung angestrebt, und 1949 entstehen die ersten 364 Käfer Cabrios. Es folgen etliche Evolutionsstufen, in der sich die Motorleistung verdoppelt.

Das Jahr 1970 gilt als besonders wichtig in der Geschichte der Käfer-Entwicklung, und das betrifft auch das Cabriolet. Zwar bleibt es zunächst noch bei der planen Frontscheibe, doch es gibt einige sofort sichtbare Änderungen an der Karosserie. So ist der gesamte Vorderwagen neu: Der 1302 LS hat neue Stoßstangen, die den Namen noch verdienen: Das verchromte Bauteil wird von einer schmalen Gummilippe geschützt. Ebenfalls geändert sind die vordere Haube sowie die Kotflügel. Echten Mehrwert erhalten die Kunden durch einen im Vergleich zum direkten Vorgänger fast doppelt so großen Gepäckraum.

Das Volumen steigt von 140 auf 260 Liter, obwohl das Ersatzrad weiterhin seinen Aufbewahrungsort unter dem Gepäckraumboden findet. Die Möglichkeit zu dieser Vergrößerung machen ein längerer Vorderwagen sowie der Einsatz einer neuen Vorderachse möglich, die weniger Platz beansprucht. Die McPherson-Federbeine samt Querlenkern und Schraubenfedern bauen kompakter als die bisherige Kurbellenker-Konstruktion. Beim Käfer 1302 ging Volkswagen einen wichtigen Entwicklungsschritt: Statt der Kurbellenkerachse sind die Vorderräder mit einem MacPherson-Federbein samt Radführungsfunktion ausgestattet. Das Patent dafür erhielt der amerikanische Ingenieur Earl S. MacPherson 1949.

Ein weiterer Vorteil kommt im Verkehr zum Tragen. Der Wendekreis wird spürbar kleiner und macht das Krabbeltier viel handlicher. Auch im hinteren Bereich des Käfer Cabriolets ist viel verändert. So hat die im fahrdynamischen Grenzbereich kritisch arbeitende Pendelachse endlich ausgedient. Wie schon bei den Automatik-Versionen des Käfers seit 1967 sorgt jetzt eine Doppelgelenkachse mit Längs- und Schräglenkern hinten für eine verbesserte Fahrstabilität. „Das sorgt für mehr Kurvensicherheit“, verspricht die Werbung. Zudem kommt der 1,6 Liter große Boxermotor mit 50 PS zum Einsatz. In der

1302 Cabrio mit Frontspoiler aus dem Zubehör, Cibie-Scheinwerfern und Alufelgen

1302 Cabriolet mit eckigen Zusatzscheinwerfern unter der kräftigen Stoßstange

Limousine sind 44 PS der Standard. Erst als Version S gibt es hier die gleiche Leistung wie in der offenen Ausführung.

Die Maximalleistung liegt bei moderaten 4000/min an, während das maximale Drehmoment von schmalbrüstigen 106 Nm bei 2800/min zur Verfügung steht. Der Vierzylinder-Boxermotor ist längs hinter der Hinterachse eingebaut, verfügt über vier Kurbelwellenlager und eine untenliegende, über Stirnräder angetriebene Nockenwelle. Die jeweils zwei Ventile pro Brennraum hängen im Kopf und werden über Stößelstangen und Kipphebel angetrieben. Für die Gemischaufbereitung sorgt ein Solex-Fallstromvergaser vom Typ 34 PICT-3. Um diesen Antrieb mit seiner größeren Bauhöhe unterbringen zu können, musste die Haube stärker gewölbt werden. Sie hat zunächst zehn Belüftungsschlitze. Mehr Belüftungsschlitze als beim Vorgänger finden sich dann im Innenraum an der Armaturentafel. Das dient dem klimatischen Wohl der Insassen, denn schließlich wird ein Käfer Cabriolet nicht unbedingt immer offen bewegt.

Mit dem Modelljahr 1970 hat Karmann für Volkswagen die Konstruktion des Verdecks geändert. Es lässt sich nun platzsparender zusammenfalten und liegt nicht mehr ganz so wuchtig und wie eine überdimensionale Halskrause über der Karosserie. Es duckt sich immerhin fünf Zentimeter flacher als beim Vorgänger. Im Betrieb sollte das Verdeck stets mit der Persenning abgedeckt sein, weil ansonsten penible Polizisten ein Strafmandat ausstellen können. Dennoch gilt das Verdeck von Anbeginn als hervorragend gelungen. Hersteller Karmann in Osnabrück erhielt dafür jede Menge Komplimente. Kleiner Rückblick: Als Wilhelm Karmann am 1. August 1901 den Wagenbaubetrieb von Christian Klages in Osnabrück übernimmt, sind vor allem Kutschen das Produkt. Bald finden sich mit Privatkunden und Automobilfabrikanten neue Auftraggeber aus der aufstrebenden Fahrzeugindustrie. Karmann

Auch hier wurde die Beleuchtung nachgerüstet

Kräftige Farben waren in den 1970er-Jahren üblich

avanciert in den späten 1920er-Jahren zum deutschen Pionier für Großseriencabrios. Nach 1945 wird Volkswagen der wichtigste Auftraggeber.

Auch der 1302er-Käfer erhält bald eine Modellpflege. Zum Modelljahr 1971 wird die Anzahl der Belüftungsschlitze im Motordeckel kräftig erhöht: So finden sich nun 16 zusätzliche Luftschlitze in der Haube und sorgen für thermische Entlastung des luftgekühlten Motors. Neu ist ab diesem Jahrgang auch der Diagnosestecker im Motorraum. Damit können die Werkstätten bei Inspektionen schneller erkennen, welche Funktionen ordnungsgemäß arbeiten und wo mögliche Fehler zu suchen sind. Mit einem Vierspeichen-Lenkrad samt großer Prallplatte und großer Huptasten wird die aktive und passive Sicherheit vorangetrieben. Zum 1. Oktober 1971 übernimmt Rudolf Leiding den Vorstandsvorsitz der Volkswagen AG. Er löst damit Prof. Dr.

Im aktuellen Straßenbild sind Käfer Cabrios inzwischen selten zu sehen

Die Persenning ist korrekt über dem zusammengefalteten Stoffdach montiert

Mit 50 PS gelang es in den 1970ern noch, anderen die Rücklichter zu zeigen und Lichthupe zu geben

Die Tankklappe ist von innen zu entriegeln

Dreiecksfenster für effektive Belüftung

Trotz längeren Vorderwagens eine unverkennbare Linie

Kurt Lotz ab – wenige Wochen, nachdem der fünfmillionste gebaute Volkswagen nach Amerika verschifft worden war. Das Käfer 1302 LS Cabriolet kostet zu dieser Zeit genau 8150 Mark (umgerechnet ca. 4200 Euro).

Ein denkwürdiges Jubiläum erreicht Volkswagen im Jahr 1972. Zwar ist es kein Cabriolet, doch der Käfer allgemein und im aktuellen Fall der 1302 überbietet den bis dahin gültigen Produktionsweltrekord des legendären Ford Model T. Nun sind 15 007 034 produzierte Käfer das Maß der Dinge, von keinem Auto wurden mehr hergestellt. Aber der Bestseller und Dauerbrenner ist noch längst nicht am Ende. So bringt Volkswagen 1972 einen zum Käfer 1303 überarbeiteten Wagen auf den Markt, der den 1302 bereits wieder ablöst. Dabei ändert sich technisch jedoch nur wenig.

Einen interessanten Beleg dafür, dass der Kreativität mit dem Käfer kaum Grenzen gesetzt sind, erbringt ein fleißiger Sachse. Korbmachermeister Thomas Heinrich aus der Oberlausitz hatte eine Idee, die etwas abwegig wirkt. Doch nach rund 600 Arbeitsstunden zeigte der Käfer ein völlig neues Outfit. Der fleißige Mann nahm sich die Karosserie einer aufgeschnittenen Limousine vor und begann, sie zu umflechten.

VW Käfer 1302 LS

Motor
Luftgekühlter Vierzylinder-Boxermotor, längs hinter der Hinterachse eingebaut, 1584 cm³ Hubraum, Bohrung x Hub 85,5 x 69 mm, Verdichtung 7,5:1, 50 PS bei 4000/min, Kraftstoffbedarf Normalbenzin, Fallstromvergaser Solex 34 PICT-3

Antrieb
Hinterradantrieb, Getriebe: vollsynchronisiertes Vierganggetriebe mit Mittelschaltung, auf Wunsch Dreigang-Halbautomatik mit hydraulischem Wandler

Fahrgestell
Zentralrohr-Plattformrahmen mit aufgeschraubter Ganzstahlkarosserie, Schneckenlenkung, vorne McPherson-Federbeine mit Querlenkern und Schraubenfedern, Stabilisator, hinten Doppelgelenkachse mit Längs- und Schräglenkern, Drehstabfederung, Stoßdämpfer, hydraulisch betätigte Scheibenbremsen vorn, Trommelbremsen hinten

Abmessungen
Länge: 4080 mm, Breite: 1585 mm, Höhe: 1500 mm, Radstand: 2420 mm, Spurweite vorn/hinten: 1379/ 1352 mm, Gewicht: 920 kg, Tankvolumen: 41,5 Liter

Fahrleistungen
Verbrauch: 11,5 Liter/100 km, Höchstgeschwindigkeit: 132 km/h, Neupreis 1971: 8150 DM, Stuckzahlen (1970–1972): ca. 57 195

Damit nicht genug: Auch die Seitenwände des Innenraums wurden mit dem nachwachsenden Rohstoff modifiziert. Wer sich mit dem Handwerk auskennt, kann verschiedene Stile des Korbmachens erkennen, die hier mit hoher Präzision und feiner Qualität ausgeführt wurde.

Der 1302 kann wie der Vorgänger VW 1500 Cabriolet der Jahre 1967 bis 1970 mit Viergang-Schaltgetriebe oder einer Dreigang-Halbautomatik geordert werden. Die Halbautomatik kostet etwas Temperament und die mögliche Höchstgeschwindigkeit beträgt statt 132 km/h nur noch 127 km/h. Auch die Beschleunigungszeit von 0 auf 100 km/h nimmt zu, und der Verbrauch steigt um einen auf 12,5 Liter pro 100 Kilometer. Gebändigt wird das für heutige Verhältnisse doch sehr zurückhaltende Temperament mit hydraulisch betätigten Scheibenbremsen vorn und Trommelbremsen hinten. Bei den Außenabmessungen hat der 1302 im Vergleich zu den Vorgängern geringfügig zugelegt. So ist das 1500 Cabriolet bis 1970 nur 10 Millimeter kürzer, dabei aber 35 Millimeter schmaler bei identischer Höhe. Der Radstand ist um 20 mm gewachsen auf 2420 mm gesamt. Von 1316 mm auf 1379 mm angewachsen ist die vordere Spurweite, während es hinten nur zwei Millimeter mehr sind. Vergleichsweise deutlich gestiegen ist das Leergewicht: von 870 Kilogramm auf 920. Die erlaubte Zuladung bleibt aber mit 360 kg konstant.

Der Volkswagen Käfer als Cabriolet wird in den Jahren 1970 bis 1972 besonders gut verkauft. Jedenfalls spiegeln das die offiziellen Produktionszahlen wider. 1969 entstehen demnach über 15 800 Käfer Cabrios. 1970 sind es dann gut 18 000 Fahrzeuge. 1971 ist das beste Jahr überhaupt für den Hersteller des Modells, denn es werden 24 317 der offenen Autos produziert. Das ist die höchste jemals von diesem Typ gefertigte Stückzahl, und weder vorher noch später werden über 20 000 Cabrios in einem Jahr gebaut. 1972 sind es dagegen nur 14 870 Cabrios. Der parallel zum Käfer ebenfalls bei Karmann vom Band laufende Typ 14, das Karmann-Ghia Cabriolet, hat ebenfalls 1971 sein bestes Jahr und rollt über 6500 Mal vom Band. Während die Karmann-Ghia-Fertigung aber bereits 1973 endet, hat das Käfer Cabriolet bis zum Produktionsende noch ein paar Jahre Zeit – es wird letztmalig im Jahr 1980 gebaut.

1972 läuft der Käfer als 1302 Cabriolet letztmalig vom Band, der 1303 übernimmt

Volkswagen Polo

1975–1981

Klein ist noch nicht fein

Die Umstellung auf Frontantriebsfahrzeuge geht bei VW nach Passat, Scirocco und Golf im Jahr 1975 weiter. Der neue Polo ist vom Audi 50 abgeleitet, der ab September 1974 in Wolfsburg gebaut wird. Zunächst gibt es den Polo aber nur mit 40 PS und spartanischer Ausstattung.

Golf ist 1974 ein in Deutschland recht elitärer Sport, als Volkswagen seinem neuen Modell diese Bezeichnung gibt. Polo dagegen ist selbst heute nur den Wenigsten aufgrund der Einstiegshürden möglich, ebenso wie 1975, als Volkswagen ein entsprechend getauftes Modell auf den Markt bringt. Einen Kleinwagen nach einer Elite-Sportart zu benennen irritiert damals aber niemanden. Wie schafft es der Polo ins Markenprogramm? Ein Blick auf Audi hilft: Die ersten Audis der Neuzeit kommen 1965 auf den Markt. Mit dem Audi 100 ab 1968 ist die Marke erfolgreich, der Audi 80 ab 1972 setzt da sogar noch eins drauf. 1974 startet der Audi 50 in einem Segment, das bis dahin vor allem italienische, französische und britische Marken wie Fiat, Innocenti, Renault, Peugeot, Simca, Austin, Morris und andere bedienen. Es läuft gut für Audi: Der wohlproportionierte, kleine 50er verkauft sich gut, das Einstiegsmodell mit 50 PS kostet knapp 8 200 Mark. Das weckt Begehrlichkeiten bei VW.

Im März 1975 ergänzt Volkswagen sein Modellangebot dann um den Typ 86, so die Werksbezeichnung für den Polo. Nach dem Passat (1973), dem Scirocco (1974) und dem Golf (1974) rundet das Unternehmen mit diesem Kleinwagen seine Modellmodernisierung ab. Lange ist der Polo der kleinste VW und günstiger als der Käfer zu haben. Die moderne Konzeption überzeugt: vorne quer eingebauter Motor, Vorderradantrieb, Schrägheck mit Klappe. Anfangs aber ist der Polo vor allem die abgemagerte Einfach-Version des Audi 50: 895 cm^3 und 40 PS, Trommelbremsen vorne und hinten, mickrige 12-Zoll-Räder mit veralteten Diagonalreifen bestückt, schwache Batterie mit 27 Amperestunden, Türverkleidung aus Pappe, Vergaser ohne Startautomatik, keine Innenbeleuchtung über Türkontakte, keine Sonnenblende, keine Dachhaltegriffe. So gelingt es nicht wirklich, die Erwartungen in die Absatzzahlen zu erfüllen, zumal die Kritiker das Vorhandensein jeglichen Charmes in Abrede stellen. "Der Polo bot nur bescheidene Mobilität. Zudem fehlte hier jeglicher Charme und liebenswerte Individualität", meinte der bekannte Fachjournalist und Autotester Werner Oswald.

Der besser ausgestattete Audi mit 50 PS kostet nur wenige Hunderter mehr als der Polo. Mit einigermaßen robusten Methoden muss VW also Audi einbremsen, wozu auch ein tiefer Griff in die Kasse nötig ist.

Der VW Polo startet 1975 mäßig erfolgreich, in Form wie der Audi 50, aber mager ausgestattet

Kurze Überhänge vorne und hinten

Zweispeichenlenkrad und limitiertes Informationsangebot

Schon im Juli 1975 wird der Polo technisch beträchtlich aufgewertet und erhält eine bessere Ausstattung. Und schon stehen 8000 Mark für das Basismodell in der Preisliste, für die "L"-Ausstattung sind 500 Mark Aufpreis fällig. Als sich der Audi 50 immer noch nicht abhängen lässt, legt Volkswagen im August 1976 noch einmal nach. So wird die Auswahl an Motoren von einem 40 PS-Triebwerk auf zusätzliche Motoren mit 50 und 60 PS erweitert und die Ausstattung reichhaltiger gemacht. Nun sind Dreipunkt-Automatikgurte bei allen Versionen in Serie, ebenso Kopfstützen, ein Türschloss auch rechts und Gasfedern für die Heckklappe. So gibt es nicht nur Polo und Polo L mit 40 PS, sondern auch Polo LS mit 50 PS und Polo GLS mit 60 PS, jeweils aus 1,1 Litern Hubraum. Für den Export ergänzt außerdem ein Wagen mit 34 PS aus 771 cm^3 Hubraum die Palette. Mit einer Höchstgeschwindigkeit von 124 km/h und der möglichen Beschleunigung von 0 auf 100 km/h in 23 Sekunden ist er sogar ein Stück spritziger als der Käfer mit der gleichen Leistung, der aber auch rund 60 Kilogramm mehr auf die Waage bringt.

Alle im Polo angebotenen Motoren sind vorne quer eingebaut und um 15 Grad nach vorne geneigt. Die obenliegende Nockenwelle wird von einem Zahnriemen angetrieben und betätigt die im Leichtmetall-Zylinderkopf hängenden Ventile. Die Kurbelwelle ist fünffach gelagert, der Ölinhalt beträgt 3,5 Liter. Die Kraft wird via vollsynchronisiertem Viergang-Schaltgetriebe auf die Vorderräder übertragen. Diese Vorderräder weisen einen negativen Lenkrollradius auf, der als vorteilhaft für das Fahrverhalten gilt. Mit Scheibenbremsen vorne und Trommelbremsen hinten sowie einer mechanisch auf die Hinterräder wirkenden Handbremse sind die Verzögerungsinstrumente auf dem Stand der Technik – jedenfalls nach Juli 1975. Ab 50 PS gibt es auch Servounterstützung für die Bremse und mit 60 PS zusätzlich einen Bremskraftregler für die Hinterräder. Je nach Motorleistung sind als Höchstgeschwindigkeit bis zu rund 130, 140 und 150 km/h möglich. Während das 40 PS-Einstiegsmodell die Standard-Beschleunigung von 0 auf 100 km/h nach Werksangabe in 21 Sekunden erledigen kann, schafft das die 60 PS-Version in 15 Sekunden. Alle sechs Monate oder nach 7500 Kilometern Laufleistung steht ein Ölwechsel an, altertümliche Schmiernippel sind beim Polo aber nicht zu warten.

Im Februar 1977 ergänzt Volkswagen das Schrägheckmodell um die Stufenheck-Ausführung, die jedoch nicht Polo sondern Derby heißt. Hier ist der Innenraum nicht variabel, es gibt keine Durchlademöglichkeit, geschweige denn umlegbaren Rücksitze. Der 60 PS-Polo-Motor mit bisher 1093 cm^3 Hubrauminhalt wird zum August des Jahres auf 1272 cm^3 aufgebohrt. Er erreicht seine Höchstleistung bei niedrigerer Drehzahl und wuchtet mehr Drehmoment auf die Kurbelwelle. Allerdings steigt der Verbrauch von nominell 9 auf 10 Liter pro 100 Kilometer.

Im Juli 1978 kommt das Aus für den beim Publikum beliebten Polo-Widersacher Audi 50. Die Ingolstädter orientieren sich fortan eher in höhere Marktsegmente mit Coupé, Quattro und mit einem 200er.

Modellzyklen dauern in der Vergangenheit länger als heutzutage. Um ein Fahrzeug bei der Kundschaft attraktiv zu halten, ohne gleich ein neues Modell kostspielig zu entwickeln, die Fertigungsanlagen neu einzurichten und weiteren Aufwand zu betreiben, sind Modellpflegemaßnahmen ein geeignetes Mittel. Sie können technische und optische Überarbeitungen beinhalten. Für die Modellpflege gibt es verschiedene Bezeichnungen: Ob abgekürzt als MPF oder MOPF, mit dem aus dem Englischen entlehnten Begriff "Facelift" oder als LCI (Life Cycle Impulse) bezeichnet, ändert nichts. Bei Volkswagen wird der Begriff Produktaufwertung gerne benutzt, abgekürzt PA. Beim ersten Polo von 1975 findet eine solche PA zum Januar 1979 statt, erkennbar vor allem an den Stoßfängern.

Ab Januar 1979 erfährt der Polo also einige Modifikationen. So hat der Hersteller den Kühlergrill verändert und stärkere Stoßfänger aus Kunststoff anstelle der zierlichen Metallstangen

Der moderne Polo überzeugt formal

Ein Außenspiegel links muss reichen

Zweitürer mit praktischer Heckklappe

Große Klappe am kleinen Auto

Umlegbare Rücksitzlehnen für Variabilität

montiert. Die Armaturentafel wirkt aufgeräumter, erhält ein Ablagefach, und eine Leiste aus Holzimitat bringt einen Hauch von Eleganz ins Interieur. Im Unterschied zum Stufenheckableger Derby schluckt das Frachtabteil des Polo nur 285 Liter (nach VDA-Norm: 238 Liter) und nicht 515 Liter (VDA-Norm: 425 Liter). Der Polo im Vergleich dazu bietet ein Volumen, das auf 900 (VDA: 840) Liter erweiterbar ist.

Zum September 1979 ergänzt Volkswagen das Polo-Angebot um den Polo GT, der ein betont sportlich aufgewerteter Polo GLS ist. Diese Version bleibt bis zum Ende der Produktion des Baumusters im Programm. Das Kürzel „GT“ darf aber nicht darüber hinwegtäuschen, dass es bei den 60 PS Leistung bleibt. Erst der nächste Polo vom Typ 86c ist ab 1982 auch mit 75 PS zu bekommen. Mit der “Formel E" ermöglicht Volkswagen beim Polo gegen Aufpreis, die Fahrzeuge sparsamer zu bewegen. Allein im Jahr 1981 wird das Modell Polo Formel E neben dem Sondermodell Polo LX verkauft. Hier ist der 1,1 Liter-50 PS-Motor verbaut, mit 1:9,7 im Vergleich zur Normalversion mit 1:8,0 höher verdichtet. Damit erreicht das Triebwerk ein von 77 Newtonmeter auf 82 Newtonmeter gestiegenes maximales Drehoment, das zudem schon bei 3300/min und nicht erst bei 3500/min anliegt. In Kombination mit einer veränderten Getriebeübersetzung erreicht der Polo Formel E seine Höchstgeschwindigkeit im dritten Gang. Der Drehzahl senkende lange vierte Gang soll beim Sparen von Sprit helfen. Allerdings macht der höhere Anschaffungspreis den wirtschaftlich möglichen Vorteil durch den Minderverbrauch von nominell nur 0,5 Litern auf 100 Kilometern weitgehend zunichte. So erklärt sich das verhaltene Kaufinteresse praktisch von selbst.

Die letzte Preiserhöhung im Mai 1981 verteuert den Polo mit 40 PS auf 10 230 Mark, für 735 weitere Silberlinge steht die „L“-Ausstattung zur Verfügung. Der Polo als LS mit 50 PS kostet mindestens 11 330 Mark, der Polo GLS mit 60 PS schlägt mit 12 640 Mark zu Buche. Im Juli 1981 endet die Fertigung. Der Nachfolger kostet im September 1981 dann mindestens 11 185 Mark. Als Liebhaberfahrzeug ist der Polo der ersten Generation, bei dem Korrosionsschutz nicht im Vordergrund stand, im Jahr 2020 nahezu unauffindbar.

VW Polo

Motor
Wassergekühlter Vierzylindermotor, vorn quer eingebaut, hängende Ventile, eine obenliegende, zahnriemengetriebene Nockenwelle, 771 bis1272 cm³ Hubraum,
Bohrung x Hub 64,5 x 59 mm bis 75 x 72 mm, Verdichtung: 8,0:1 bis 9,7: 1, 34 PS bei 6000/min bis 60 PS bei 5600/min, Fallstromvergaser Solex, Kraftstoffbedarf Normalbenzin, Superbenzin

Antrieb
Vorderradantrieb, vollsynchronisiertes Vierganggetriebe mit Mittelschaltung

Fahrgestell
Selbsttragende Ganzstahlkarosserie, zwei Türen, Zahnstangenlenkung, vorne McPherson-Federbeine, Schraubenfedern, Querlenker, Stabilisator, hinten Federbeine, Schraubenfedern, Längslenker, stabilisierender Querträger, Trommelbremsen vorne und hinten (bis Juli 1975 bei 40 PS), hydraulisch betätigte Scheibenbremsen vorne, Trommelbremsen hinten

Abmessungen
Länge: 3512 mm, „L": 3530 mm, ab 1978: 3605 mm, Breite: 1560 mm, Höhe: 1344 mm, Radstand: 2335 mm, Spurweite vorn/hinten: 1296/ 1312 mm, Gewicht: 700 kg, Tankvolumen: 36 Liter, davon 6 Liter Reserve

Fahrleistungen
Verbrauch: 8 Liter/100 bis 10 l/ 100 km
Höchstgeschwindigkeit: 124 bis 152 km/h
Neupreis 1975 (Polo L 40 PS): 8065 DM
Stückzahlen (1975 – 1981): ca. 816 900

Volkswagen Golf I Cabriolet

1979–1993

Fortsetzung der Cabrio-Tradition

Das Publikum kann das neue Cabriolet von Volkswagen auf dem Genfer Salon erstmals im März 1979 sehen. Bis der offene Käfer dann wirklich abgelöst wird, dauert es noch. Allen Kritikern zum Trotz folgt eine lange Karriere für das längst zum Klassiker gereifte Golf Cabriolet.

Was lange währt wird endlich gut: Am Lac Leman in der Schweiz ist der Volkswagen Golf im Frühjahr 1979 als Cabriolet zu sehen. 1974 erfolgt die Einführung des Käfer-Nachfolgers: der Golf mit der Werkskennzeichnung Typ 17. Der ist trotz der einen oder anderen Kinderkrankheit schnell ein Erfolg. Die ersten Mängel sind dann längst überwunden, als sich Volkswagen mit dem Golf Cabriolet an die Öffentlichkeit traut. Ein Teil des Publikums ist wenig begeistert: eine Badewanne, kein richtiges Cabrio, Blumenkasten auf Rädern, Erdbeerkörbchen. Insbesondere der Begriff vom "Erdbeerkörbchen" hat sich im Sprachgebrauch etabliert und wird bis heute gern zitiert.

Mit seiner Cabrio-Tradition seit den ersten Käfer-Prototypen denkt Volkswagen an eine Erneuerung und Ablösung für den offenen Käfer. Der Golf als Basis drängt sich auf, ebenso die Osnabrücker Karosseriefabrik Karmann als langjähriger Partner für die Produktion. So entwickeln die Unternehmen den offenen Golf im Team, nachdem die Chancen einer Cabrio-Zukunft vor den Hintergründen von Energie- und Sicherheitsdiskussionen abgewogen worden waren.

Die Entwicklung des Golf Cabriolet erhält schließlich grünes Licht vom Vorstand. Im Lastenheft für die Entwicklung werden aus vielen möglichen Optionen folgende Grundsätze gewählt:

- Das Verdeck soll den Innen- und Gepäckraum möglichst wenig einschränken.
- Das Verdeck soll unkompliziert zu bedienen sein.
- Bei geöffnetem Verdeck sollen alle Passagiere ganz im Freien sitzen.
- Aktuelle und zu erwartende Sicherheitsvorschriften sollen berücksichtigt werden.
- Beim Fahren mit geschlossenem Verdeck soll ein der Limousine entsprechender Fahrkomfort geboten werden.

Bei der anschließenden Umsetzung entsteht ein Viersitzer mit Überrollbügel und einem auf dem Heck aufliegenden, voll aufklappbaren Verdeck. Das Golf Cabriolet gilt als erstes serienmäßige Cabriolet mit festem Überrollbügel. Damit trägt VW der Diskussion über Sicherheit Rechnung, nach der Cabriofahren außerordentlich unsicher ist. Bei Überschlägen und seitlichen Kollisionen bietet der Golf den Insassen jedenfalls guten Schutz.

Der umstrittene Bügel dient wie weitere zusätzliche Verstärkungen unter anderem der Verbesserung der Verwindungssteifigkeit. Er kann aber noch mehr, etwa die Führung der seitlichen

Fünf Jahre nach der Limousine wird das Cabriolet vorgestellt. Der Bügel gewährt einige Vorteile und bekommt Häme ab

Mit Sicherheit ein luftiges Fahrvergnügen

Kurbelfenster übernehmen, als Anlenkpunkt für die Sicherheitsgurte dienen und die Crashsicherheit beim Seitenaufprall und Überschlag erhöhen. Auch als Auflage für das vier Sitzplätze überspannende Verdeck eignet sich der Bügel gut. Vorne wird das Klappdach mit zwei Befestigungen gehalten. Sie sind einhändig leicht bedienbar. Damit lässt sich das Golf Cabriolet spielerisch leicht öffnen. Nur die hinteren Seitenscheiben bleiben zu einem Teil stehen, sind nicht voll versenkbar. Beim Schließen des Dachs helfen zwei Gasfedern. Unter dem dauerhaften und wetterfesten Bezug verbergen sich vier weitere Schichten: Nesselmaterial, eine 20 Millimeter dicke Polstermatte aus Gummihaar, nochmals Nesselmaterial und schließlich der innere Kunststoff-Dachhimmel. So isoliert das Verdeck gut gegen Kälte, Hitze und Geräusche. Die beheizbare Heckscheibe unterstreicht die Komfortmerkmale.

Golf Cabrio Prototyp von 1976 noch ohne Bügel

Die Seitenscheiben hinten sind nicht voll versenkbar

Kleine Kofferraumklappe, stabile Heckscheibe aus Glas

Das bewegliche Dach erfordert den Umbau des Hecks: Statt einer großen Klappe gibt es beim Cabrio nur eine kleine Luke. Hier helfen Gasfedern beim Öffnen. Dank umlegbarer Sitzlehne lassen sich lange Gegenstände durchladen. Der Vorderwagen entspricht dem der normalen Limousine. Unter der Haube steckt für den deutschen Markt der 1,5 Liter-Motor mit 70 PS oder der 1,6 Liter mit 110 PS – auf die Basismotorisierung der Limousine wird verzichtet und ebenso auf den Selbstzünder.

Das Golf Cabriolet hat durch seine Einführung fünf Jahre nach der Limousine profitiert von den Modellpflegemaßnahmen: Getriebeschaltung, Lenkung und Pedalerie sind seit August 1975 verbessert. Weitere Überarbeitung erfolgt zum August 1977 zugunsten von Fahr- und Federungskomfort, der Geräuschminderung und der Innenausstattung. 1978 gibt es kräftigere Stoßfänger, die weit seitlich herumgezogen sind. Neben diversen weiteren Auf-

Regelmäßige Modellpflege macht das Golf Cabrio mit den Jahren immer besser

wertungen erhält das Cabriolet eine spezifische Modifikation ab August 1981: Nun liegt das gefaltete Verdeck um zehn Zentimeter tiefer und ermöglicht so einen besseren Rückblick. Von 1981 bis 1984 bietet Volkswagen für den Golf die Formel E an, E wie Energiesparen. Das Cabriolet bleibt von diesen Maßnahmen unberührt. Im Betrieb erweisen sie sich als unbedeutend, die Ersparnis tendiert gegen Null. So gibt es nur wenig Zuspruch. Der Aufpreis beträgt 350 Mark. Während der erste Golf im August 1983 durch den Golf II abgelöst wird, bleibt das Cabriolet unrenoviert – abgesehen von serienmäßigen Sportsitzen vorne, einem größeren Tank und der Verwendung eines Notrads. Karmann baut das Cabriolet auf der Bodengruppe des Golf I weiter.

Ab Februar 1984 bietet Volkswagen für den Golf mit 90 PS-Einspritzmotor gegen 850 Mark Aufpreis den Katalysator mit Lambda-Sonde an. Zunächst ist der Einsatz in der Praxis nur beschränkt möglich, weil unverbleites Benzin noch nicht flächendeckend in genügender Menge verfügbar ist. Das soll sich aber in den Folgejahren rasch ändern. Der Kat wird zum Normalfall und zieht ab 1986 auch in Serie beim Golf Cabriolet ein. Erst im August 1987 erfolgen leichte Retuschen an der Karosserie. Be-

Alltagstauglichkeit und Beliebtheit spiegeln sich in guten Absatzzahlen

reits 1989 gilt der offene Golf mit über 250 000 verkauften Exemplaren als erfolgreichstes Cabriolet seiner Klasse. Andere Hersteller halten sich mit Cabriolet-Angeboten zurück und folgen erst später dem Trendsetter von Volkswagen. Volkswagen jedenfalls hält sein Modell attraktiv über diverse Sondereditionen wie "Sportline", "Classicline", "Fashionline", "Genesis", "Acapulco", "Toscana", "Coast", "Etienne Aigner" und weitere mehr. Bei der Ausführung "Quartett" stehen 64 Farbkombinationen zur Wahl. Karosserie-, Innenausstattungs- und Verdeckfarben lassen sich in rot, blau, schwarz und weiß beliebig kombiniereDas Golf Cabriolet hat durch seine Einführung fünf Jahre nach der Limousine profitiert von den Modellpflegemaßnahmen: Getriebeschaltung, Lenkung und Pedalerie sind seit August 1975 verbessert. Weitere Überarbeitung erfolgt zum August 1977 zugunsten von Fahr- und Federungskomfort, der Geräuschminderung und der Innenausstattung. 1978 gibt es kräftigere Stoßfänger, die weit seitlich herumgezogen sind. Neben diversen weiteren Aufwertungen erhält das Cabriolet eine spezifische Modifikation ab August 1981: Nun liegt das gefaltete Verdeck um zehn Zentimeter tiefer und ermöglicht so einen besseren Rückblick. Von 1981 bis 1984 bietet Volkswagen für den Golf die Formel E an, E wie Energiesparen. Das Cabriolet bleibt von diesen Maßnahmen unberührt. Im Betrieb erweisen sie sich als unbedeutend, die Ersparnis tendiert gegen Null. So gibt es nur wenig Zuspruch. Der Aufpreis beträgt 350 Mark. Während der erste Golf im August 1983 durch den Golf II abgelöst wird, bleibt das Cabriolet unrenoviert – abgesehen von serienmäßigen Sportsitzen vorne, einem größeren Tank und der Verwendung eines Notrads. Karmann baut das Cabriolet auf der Bodengruppe des Golf I weiter.

Mehr Individualisierung bietet zu der Zeit kein Hersteller, zumal beim Zubehör noch eine Reihe weiterer Optionen angeboten wird. Nicht alle Interessenten des Golf Cabriolets können alle verfügbaren Motorvarianten wählen, denn die werden länderspezifisch angeboten. Mit 1,1 Litern Hubraum und 50 PS geht es los. Von dieser Variante werden schon 1978 vier Fahrzeuge gebaut. Weitere Versionen haben 1,3 Liter und 60 PS, 1,5 Liter mit 70 und 75 PS, 1,6 Liter mit 85 PS, 1,6 Liter und 110 PS, 1,7 Liter mit 75 PS und 1,8 Liter mit 90, 95 und 112 PS, ab 1989 mit 98 PS.

Unabhängig von der Motorisierung sind zunächst Viergangetriebe Stand der Technik. VW bietet ab August 1979 (für die 110 PS-Version) und ab 1980 (für die 70 PS-Ausführung) dann das 4 + E- oder auch Fünfgang-Getriebe an. Die auf Wunsch und gegen Mehrpreis erhältliche Automatik kommt mit drei Stufen aus. Die kleinste Motorisierung wird bis 1983 produziert, der 1,3 Liter zwischen 1983 bis 1986 nur rund 1600 Mal. Die Produktion der 1,6- und 1,7-Liter-Versionen endet 1983. Ab 1986 steht für das Cabriolet mit 1,8 Liter-Einspritzmotor ein Katalysator mit Lambdasonde zur Verfügung. Die 72 PS starke 1,5 Liter-Vergaserversion kann mit ungeregeltem Kat gegen Aufpreis bestellt werden. Nach dem Katalysator zieht auch der Airbag langsam in die Baureihe ein.

Ab 1992 ist der lebensrettende Luftsack zumindest schon mal für den Fahrer gegen Aufpreis lieferbar. Ab Septem-

Die gelungenen Giugiaro-Linien des Golf kennzeichnen auch die Cabriolet-Version

ber 1992 entfällt die Motorenauswahl und es wird allein die 98 PS starke Ausführung mit geregeltem Kat angeboten, der die Abgasnorm Euro 1 erfüllt. Im Jahr 1978 baut Karmann für Volkswagen die ersten 104 Golf Cabriolets. In dieser Summe sind neun Versuchswagen für das Werk in Wolfsburg enthalten. 1979, im Jahr der offiziellen Präsentation, werden schon knapp 12 000 Fahrzeuge gefertigt, 1980 sind es fast 26 000 Wagen. Mit jeweils etwas mehr als 20 000 Autos sind die Jahre 1981 bis 1983 etwas schwächer. 1983 kommt der neue Golf, doch das Cabrio bleibt auf Basis des alten. Dennoch steigen die Produktionszahlen. 1985 sind es fast 26 000 offene Gölfe, 1986 gar über 31 000. 1991 entstehen sogar fast 39 000 Cabrios. Hier scheint Konkurrenz das Geschäft zu beleben, denn mit Ford Escort, Peugeot 205 und Opel Kadett sind weitere Bügel-Cabrios auf den Markt gekommen.

Im Herbst 1993 stellt Volkswagen dann endlich den Nachfolger des Golf I Cabriolets vor. Als Golf III steht er 14 Jahre nach der Präsentation des ersten offenen Golf auf der Internationalen Automobil Ausstellung in Frankfurt im Rampenlicht. Viersitzige Cabrios sind wieder in und Volkswagen ist in Begleitung von Ford, Opel und Peugeot in dem Segment kompakter Kabrios unterwegs. Rund 392 000 gefertigte Golf I Cabrios sind bis dahin auf die Straße gekommen.

Noch sind die Stoßfänger nicht vollständig in die Karosserie integriert

Der Bügel schützt und hilft

Kurbelfenster sind Standard

Stabile Bügeltürgriffe

VW Golf GLI Cabriolet ab 1989

Motor
Flüssigkeitsgekühlter Vierzylinder-Reihenmotor, vorn quer vor der Vorderachse eingebaut, eine obenliegende Nockenwelle mit Zahnriemenantrieb, zwei Ventile pro Zylinder, 1781 cm³ Hubraum, Bohrung x Hub: 81,0 x 86,4 mm, Verdichtung 10,0:1, 98 PS bei 5400/min, elektronische Einspritzung VW Digifant, Kraftstoffbedarf Normalbenzin

Antrieb
Vorderradantrieb, Fünfgang-Getriebe mit Mittelschaltung, auf Wunsch Automatik mit Drehmomentwandler und Dreigang-Planetengetriebe

Fahrgestell
Selbsttragende Ganzstahlkarosserie mit zwei Türen, Überrollbügel, mehrlagiges Verdeck, Zahnstangenlenkung, Servounterstützung gegen Aufpreis, vorne McPherson-Federbeine, Querlenker, Schraubenfedern, Stabilisator, hinten Federbeine, Längslenker, Schraubenfedern, stabilisierender Querträger, Scheibenbremsen vorn und hinten, ABS gegen Aufpreis

Abmessungen
Länge: 3890 mm, Breite: 1635 mm, Höhe: 1395 mm, Radstand: 2400 mm, Spurweite vorn/hinten: 1404/ 1372 mm, Gewicht: 1040 kg, Tankvolumen: 55 Liter

Fahrleistungen
Verbrauch: 10,0 Liter / 100 km, Höchstgeschwindigkeit:166 (Automatik: 161) km/h, Neupreis 1989: 30 860 DM, Stückzahlen (1979–1993): ca. 392 000

Bügelfreier Golf Cabrio-Prototyp

Der solide verarbeitete Golf hat als Cabriolet eine lange Bauzeit

Das Erbe des Käfer Cabrios beherrscht der Golf souverän

Intuitiv bedienbares Cockpit mit Vierspeichen-Lenkrad

Volkswagen 1600 TL

1965–1973

Die Touren-Limousine

Die erste neue Baureihe neben dem Käfer wird 1961 präsentiert und überrascht mit Vielfalt: Es gibt sie als Stufenheck-Limousine, Variant und Karman-Ghia-Coupé, bevor auch die Fließheck-Version 1965 erscheint. Der Typ 3 bleibt immerhin zwölf Jahre im Programm.

Mit dem Bau einer neuen Baureihe von Volkswagen rechnete lange kaum jemand. Doch bei Volkswagen wird der Typ 3 im Jahr 1961 als Limousine (Typ 31), Variant (Typ 36) und – mit komplett eigenständiger Form – als Coupé (Typ 34) präsentiert. Dies ist für das Unternehmen ein echter Meilenstein: die erste neue Modellreihe jenseits des Käfers. Dagegen wirkt die Modelleinführung des Volkswagen 1600 mit Fließheck vier Jahre später fast unbedeutend. Normalbenzin gibt es im Jahr 1965 in Deutschland für 58 Pfennige den Liter zu tanken, die Unze Gold

Typ 3 als Fließheck mit niederländischer Zulassung – Kofferraum vorne, Motor hinten

Der konzeptionell dem Käfer ähnliche VW 1600 TL

kostet gerade einmal 35 Dollar. Ludwig Ehrhard ist Bundeskanzler und Heinrich Lübke ist der Bundespräsident. Werder Bremen wird deutscher Fußballmeister und Jim Clark gewinnt die Formel 1-Weltmeisterschaft auf Lotus-Climax.

Auf den Markt kommt 1961 zunächst der VW 1500 als Stufenheck-Limousine. Konzeptionell entspricht dieser Mittelklassewagen dem Volkswagen Käfer. Die Karosserieform wird von Zeitgenossen als zeitgemäß beschrieben. Die zweitürige Ausführung ist Basis, deren Produktion im August 1961 beginnt. Im November startet die Fertigung des großen Karmann-Ghia. Und schließlich folgt im Februar 1962 die Kombiversion Variant. Damit steht die neue Modellreihe auf einem vergleichsweise breiten Fundament. Be-

Der TL kommt als vierte Modellvariante des Typ 3 auf den Markt

reits ab August 1963 verändert das Unternehmen den 1500 zum 1500 S, äußerlich unverändert, aber mit einem von 45 auf 54 PS erstarkten Motor. Wenig später stellt sich heraus, dass häufige Überhitzung des dritten Zylinders ein Ärgernis ist. Im Sommer 1965 wandelt sich der 1500 S zum VW 1600. Neben Stufenheck und Kombi gibt es jetzt die Fließheckversion mit der Zusatzkennzeichnung TL. Nach den Vorstellungen der Produktplaner soll diese Version die Stufenheck-Limousine ablösen. Die Form des Typ 3 mit Fließheck verspricht jedoch mehr Dynamik als die Motorisierung halten kann.

Die Kunden schätzen die klassische Form weiterhin mehr als erwartet. Der Volksmund nennt die TL abgekürzte Touren-Limousine spöttisch "Traurige Lösung", dabei ist ihr eine formale Eleganz nicht gänzlich abzusprechen, wohl aber die praktischen Vorteile von Schrägheck-Modellen wie etwa einem Renault 16, hinter dessen Heckklappe ein üppiger und variabler Raum wartet. So sitzt bei VW der Vierzylinder-Boxermotor selbstverständlich weiterhin im Heck. 1967 erfolgen technische Updates für mehr Sicherheit und Komfort. Volkswagen modifiziert die Lenkung und führt die Sicherheits-Lenksäule, die Zweikreis-Bremsanlage und eine Tankklappe ein. Vorteil der Tankklappe: Der Einfüllstutzen ist nicht erst nach Öffnen der vorderen Haube erreichbar. Opulenz im Inneraum der Mittelklasse-Limousine wird jedoch weiterhin vergeblich gesucht – schlichte Funktionalität hat im Cockpit des Wagens den Vorzug erhalten. Für Schaltfaule kommt eine Option zusätzlich ins Programm: Gegen 800 Mark Aufpreis kann die 54 PS-Ausführung mit einer Dreigang-Wandlerautomatik kombiniert werden. Nur in dieser Ausführung gibt es zunächst die Doppelgelenk-Hinterachse.

Der Typ 3 als VW 1600 A kommt mit 1493 cm^3 Hubraum aus, die Motoren von 1600 L und TL haben 1584 cm^3. Ihnen gemein ist das Prinzip der gegenläufigen Kolben (Boxer), ein zweiteiliges Kurbelgehäuse aus Magnesium-Legierung sowie Grauguss-Einzelzylinder ohne Buchsen und Leichtmetall-Zylinderköpfe. Im Vergleich zum ebenfalls 54 PS starken 1500er erreicht der 1600er sein höheres Drehmoment bei geringerer Verdichtung (11,2 mkg vs. 10,8 mkg) bei 2200 statt 2400 U/min.

Für den amerikanischen Markt hat der VW 1600 eine Einspritzanlage, die weder ein Plus an Leistung noch einen

Fließheck-Typ 3 mit Außenspiegeln links und rechts sowie Zusatzscheinwerfern

Zweitürer: Die Rücksitzbank wird nach Vorklappen der Sitzlehne erreicht

Die Front des Typ 3 wirkt nicht sonderlich beeindruckend

geringeren Verbrauch bewirkt, aber den Schadstoffausstoß erheblich mindert. Ab Juni 1968 gibt es diese elektronisch gesteuerte Bosch D-Jetronic auch in Deutschland – gegen 585 Mark Aufpreis. Die Typbezeichnungen lauten dann 1600 LE und für das Fließheck 1600 TLE. Vor allem für Otto-Motoren gibt es die Gemischbildung mittels Saugrohreinspritzung. Dabei wird Kraftstoff in das Saugrohr des Motors eingespritzt und vermischt sich dort mit der angesaugten Luft. Beim Einsaugen in den Brennraum vermengen sich Luft und Kraftstoff zu einem gleichmäßigen Gemisch. Die Steuerung kann mechanisch oder elektronisch erfolgen, es kann kontinuierlich oder intermittierend (mit Unterbrechungen) eingespritzt werden. Bei der Einpunkt-Einspritzung (Zentral-Einspritzung) wird der Kraftstoff über nur eine Düse für alle Zylinder bereitgestellt. Bei Mehrpunkt-Einspritzanlagen (Einzel- oder Multi-Point-Einspritzung) wird jeder Zylinder einzeln versorgt.

Gravierender noch als die kleinen Leistungsunterschiede der Einspritzer im Vergleich zu den Vergasermotoren ist die anders konstruierte Kühlung, denn das Radialgebläse ist beim Typ 3 am hinteren Ende der Kurbelwelle angeflanscht statt auf dem Motor zu liegen. Ein anderer, liegender Montage-Ort für den Ölkühler verhindert Hitzestau am dritten Zylinder und Folgeschäden wie Kolbenfresser. Bei einer Bauhöhe von nur noch 40 Zentimetern ist dieses als Flachmotor bezeichnete Triebwerk ein wenig länger geworden. Die geringere Höhe ermöglicht aber einen von außen zugänglichen Gepäckraum im Heck. Für Wartungszwecke ist der Motor über eine Klappe im Gepäckraumboden erreichbar.

Ab August ist die Doppelgelenk-Hinterachse ebenso serienmäßig verbaut wie die Warnblinkanlage und die Innenentriegelung der Tankklappe. 1969 ändert sich die Karosserieform, denn Limousine und Variant bekommen einen um 120 Millimeter verlängerten Vorderwagen. Die vordere Haube zeigt sich nun kantiger und erstreckt sich weiter nach vorne. Damit vergrößert sich der Gepäckraum um 25 Prozent.

Änderungen an Front und Heck mit voluminöseren Stoßfängern mit Gummileisten, große Frontblinker und größere Heckleuchten modernisieren den VW 1600. Alle Ausführungen haben nun statt der Pendelachse die Schräglenker-Ausführung. Die Schräglenkerachse kommt bei Kraftfahrzeugen vor allem als Radaufhängung der Hinterräder vor und ist eine Bauform der Einzelradaufhängung. Eine dreiecksförmige Schwinge ist mit dem Radträger fest verbunden und an der Karosserie oder an einem Hilfsrahmen gelagert. Von Ferdinand Porsche ist die Kurbellenkerachse für den Käfer entwickelt worden. Diese beim Typ 3 ebenfalls verwendete Form der Einzelradaufhängung setzt auf Traghebel (die Kurbellenker) und Längslenker, mit denen die

Von innen entriegelbare Tankklappe am vorderen rechten Kotlügel, Lüftungsschlitze in den hinteren Kotlügeln sichern die thermische Gesundheit des Boxermotors

Die Beliebtheit des Volkswagen 1600 TL nimmt mit der Bauzeit ab

Für den praktischen Variant (Kombi) sind knapp 300 Mark Aufpreis zum TL fällig

Räder geführt werden. Spurweite, Sturz und Nachlauf des Rades ändern sich beim Einfedern nicht.

Im Jahr 1970 bekommt das Modell eine Zwangsentlüftung, Abschleppösen vorn und hinten, und für das L-Modell sind Frischluftgebläse, Rückfahrscheinwerfer und Tageskilometerzähler jetzt serienmäßig verbaut. Beim Fließheck sorgt eine stufenförmige Ablage hinter den Rücksitzen für mehr Stauvolumen. 1971 halten Vierspeichenlenkrad und Diagnosestecker Einzug. 1973 endet die Fertigung in Deutschland.

Die rundliche Pontonform des Typ 3 wirkt im Wettbewerbsvergleich inzwischen eher altmodisch. Aber im Vergleich zum Käfer kann das erheblich bessere Platzangebot überzeugen und hier besonders der natürlich vorne unter der Haube liegende Gepäckraum mit deutlich besserer Nutzbarkeit. Obwohl nicht nur die deutsche Konkurrenz von Opel (Rekord mit bis zu 95 PS) und Ford (15 M mit Frontantrieb) modernere Fahrzeuge mit besserem Raumangebot im Programm hat, kann sich der VW Typ 3 erfolgreich im Markt behaupten. Wettbewerber aber gibt es nicht nur aus Deutschland sondern auch aus Frankreich, Italien und Schweden Fiat, Peugeot, Renault, Saab, Simca. Dennoch: Die Stufenheck-Limousine wird anfangs gut aufgenommen.

Der Variant legt über die Jahre an Beliebtheit zu, während Limousine und Fließheck-Limousine mit der Zeit nicht mehr so gefragt sind. 1966 ist mit einem Absatz von über 305 000 Fahrzeugen vom Typ 3 das beste Jahr. Ab 1969 wird der TL mehr als doppelt so oft produziert wie die Stufenheck-Limousine. Insgesamt verkauft Volkswagen rund 1 339 000 Stufen- und Fließheck-Fahrzeuge und knapp 1 203 000 Variant. Der Typ 3 war abonniert auf Platz drei der deutschen Zulassungsstatistik hinter Käfer und Opel Kadett.

Für den 1600 L und TL verlangt das Unternehmen ab August 1966 genau 6885 Mark, der Variant L kostet 7175 Mark. Bis zum März 1973 klettern die Preise in kleinen Schritten auf dann 9030 Mark für den 1600 TL. Auch scheute sich Volkswagen nicht, etwa im Jahr 1970, immerhin drei Mal an der Preisschraube zu drehen. Rückblickend ist die beim Typ 3 erstmals im Serienbau eingeführte elektronisch gesteuerte Kraftstoffeinspritzung hervorzuheben.

VW 1600 TL

Motor
Typ: Wassergekühlter Vierzylinder-Boxermotor, hinter der Hinterachse längs eingebaut, 1584 cm³ Hubraum, Bohrung x Hub: 85,5 x 69 mm, Verdichtung 7,7:1 und 7,5:1, 54 PS bei 4000 U/min, 2 Fallstromvergaser, Solex 32 PDSIT mit Startautomatik, ab 1968 gegen Aufpreis: elektronische Kraftstoff-Einspritzung, Kraftstoffbedarf Normalbenzin.

Antrieb
Hinterradantrieb, Vierganggetriebe mit Mittelschaltung, auf Wunsch Dreigang-Automatik

Fahrgestell
Zweitürige Fließheck-Limousine mit Ganzstahlkarosserie, Zentralrohr-Plattformrahmen, Schneckenlenkung mit Servohilfe, vorne Kurbellenker oben und unten, zwei gekreuzte Federstäbe quer, Drehstab-Stabilisator, hinten Pendelachse, Längslenker, zwei Federstäbe quer, Ausgleichsfeder; ab 8/68: Doppelgelenkachse, Schräglenker, zwei Federstäbe quer, Scheibenbremsen vorne, Trommelbremsen hinten

Abmessungen
Länge: 4225 mm, ab 8/69 4368 mm, Breite: 1640 mm, Höhe: 1470 mm, Radstand: 2400 mm, Spurweite vorn/hinten: 1310/1346 mm, Gewicht: 920 - 960 kg, Tankvolumen: 40 Liter

Fahrleistungen
Verbrauch: 11,5 Liter/100 km, Höchstgeschwindigkeit: 140 km/h, Automatik: 132 km/h, Neupreis 1965: ab 6690 DM, Stückzahlen TL (1969 – 1973): 284 686

VW Käfer und Typ 3 als Variant und TL vor der Verschiffung

Volkswagen 411

1969–1972

Großer VW als Nasenbär

Am Heckmotor hält Volkswagen auch 1968 noch fest: Mit dem Typ 4, der unter der Verkaufsbezeichnung 411 eingeführt wird, bringen die Wolfsburger immerhin eine selbsttragende Karosserie ohne Rahmen und Tunnel auf den Markt. Der Wagen ist sogar als Viertürer erhältlich.

Der Typ 4 von Volkswagen ist das erste, völlig neu im eigenen Haus entwickelte Auto seit 1961 der Typ 3 als Abwandlung des Käfers (Typ 1) erscheint. Zwar ist es beim Boxermotor im Heck geblieben, doch steckt er unter einer selbsttragenden Karosserie ohne Rahmenkonstruktion und Mitteltunnel. Mit dem Typ 4 scheint das Optimum der herkömmlichen VW-Konzeption erreicht zu sein, doch zeigen sich auch deren Grenzen. Das Schrägheck hat leider keine große, praktische Klappe. Opel hat den Rekord C schon eine Weile im Verkaufsprogramm, als Volkswagen im August 1968 zum ersten Mal den völlig neuen Wagen mit der Modellbezeichnung 411 vorstellt. Zur gleichen Zeit erneuert Ford den 17M/20M der Baureihe P7 zum P7b nach nur einem Jahr Bauzeit.

Während die populären Wettbewerber auf Hinterradantrieb und Frontmotor oder gar Frontantrieb und Frontmotor setzen, bleibt VW beim luftgekühlten Heckmotor. Mit 1,7 Litern Hubraum und 68 PS geht es im August 1968 los. Für den 411 konstruiert Volkswagen einen völlig neuen Motor. Es bleibt beim bewährten Boxerprinzip mit vier Zylindern. Das zweiteilige Magnesium-Kurbelgehäuse ist mit Grauguss-Einzelzylindern und Leichtmetall-Zylinderköpfen bestückt. Die Bauweise des sogenannten Flachboxers spart Platz und ermöglicht Stauraum im Wageninneren. Der Nockenwellenantrieb über Stirnräder erspart Zahnriemen oder Kette. Der VW 411 hat zum Verkaufsstart 68 PS bei 4500 U/min und etwa 127 Nm maximales Drehmoment. Die Gemischaufbereitung besorgen zwei Fallstromvergaser Solex 34. Von 1969 bis 1973 sorgt eine D-Jetronic-Mehrpunkt-Saugrohreinspritzung für 80 PS bei 4900 U/min und 135 Nm. 1973/74 stehen 75 PS bei 5000 U/min und 85 PS bei 5000 U/min mit 40er-Vergasern zur Wahl. Mit der Einspritzung bekommt das Triebwerk 1969 neue Kolben, größere Einlassventile und eine geänderte Nockenwelle sowie eine höhere Verdichtung. Gut 1000 Ki-

Die offene Ausführung des VW 411 kam nicht über den Prototypenstatus hinaus

Das "E" steht für Einspritztechnik

Ein Hauch von Luxus im Cockpit dank Holzmaserung

logramm schwer ist das zwei- und viertürig lieferbare Fahrzeug, das vom Volksmund bald als "Nasenbär" tituliert wird.

Diesen Spitznamen bekommt der Wagen wegen seiner beim Publikum nicht wirklich überzeugenden Form. Die Modellbezeichnung 411 inspiriert Zeitgenossen auch zu Bemerkungen der Art "vier Türen, elf Jahre zu spät", denn bisherige Volkswagen-Modelle sind nur als Zweitürer erhältlich. Hinter den ovalen Scheinwerfern in der Front ohne Grill, denn den braucht es wegen des luftgekühlten Heckmotors nicht, erstreckt sich eine lange Motorhaube, unter der sich ein großer, aber zerklüfteter Stauraum auftut. Dank der an Federbeinen aufgehängten Vorderräder passt da ordentlich viel rein: 400 Liter sind vorne unter die Haube zu bringen und weitere 160 Liter Volumen finden im Innenraum Platz. Außerdem sind zeitgenössische Kritiker von den technischen Eckwerten des Fahrwerks angetan. McPherson-Federbeine vorne und Schräglenkerachse mit Schraubenfedern hinten gelten als modern.

Das Fahrverhalten indes überzeugte weniger. In flott gefahrenen Kurven schiebt der 411er erst untersteuernd über die Vorderräder zum Kurvenaußenrand, kann aber auch hektisch ausbrechend mit dem Heck wegrutschen. Der Typ 4 von Volkswagen ist das erste Modell mit McPherson-Federbeinen vorne. Diese Konstruktion entspricht noch heute weitgehend dem Stand der Technik. Die Schräglenker-Hinterachse mit Schraubenfedern wird ab 1969 durch einen zusätzlichen Drehstabilisator diszipliniert und damit noch aufwendiger. So erinnern die Fahrwerks-Feinheiten an den Porsche 911 (vorne) und Porsche 914 (hinten). Bei den Fahrleistungen ist das eher nicht der Fall: Der 411 E mit 80 PS erreicht bis zu 155 km/h Spitze. Beim überarbeiteten

Doppelscheinwerfer anstelle ovaler Leuchten gab es ab Jahrgang 1969

Eine Chromspange mit eingebundenem Markenlogo verbindet an der Front die Scheinwerfer

Jahrgang 1969, als aus den ovalen Scheinwerfern zwei Doppelscheinwerfer werden und eine Chromspange die Front attraktiver macht, kann das aufgrund der Achslastverteilung überraschende Fahrverhalten mit einem Querstabilisator zumindest etwas gezähmt werden.

Noch 1968 setzt Volkswagen über 7600 zweitürige 411er ab und zudem rund 15 400 Viertürer. Das passt dennoch nicht zu den hohen Erwartungen des Hauses am Mittellandkanal. Daher reagiert Volkswagen schnell und schickt bereits im August 1969 den überarbeiteten 411 E ins Rennen um die Käufergunst. Die Motorleistung steigt dank elektronischer Kraftstoffeinspritzung auf 80 PS, die Front erhält Halogen-Doppelscheinwerfer und eine geschickt angebrachte Chromzier, die den Kühlergrill ersetzen hilft.

Ganz wichtig ist aber auch die Einführung des 411 E Variant als dritte Karosserievariante, die sich in der Folge als die absatzstärkste Version herausstellt. So richtig gut ist der 411 auch als "E" bei den zeitgenössischen Testern nicht angekommen. Die nominelle Leistungsdifferenz von 12 PS im Vergleich zum Vergasermodell wird angezweifelt. In der Testpraxis erweist sich auch der Kraftstoffverbrauch nicht als vorteilhaft für die Einspritzversion, zumal statt Normalbenzin das teurere Super getankt werden muss. Immerhin sind ei-

Der außschließlich zweitürig lieferbare 411 Variant kommt an

Modellpflege tut auch dem gut verarbeiteten VW 411 gut

nige Modellpflegemaßnahmen in positivem Sinn wirkungsvoll. Das kritisierte Geräuschniveau im Innenraum sinkt durch Dämmung vor allem bei Geschwindigkeiten über 80 km/h um vier bis sechs Dezibel. Dennoch wird der 411 E als nicht gerade leises Auto der Mittelklasse bewertet, aber im Vergleich zum ersten 411 werden die Geräusche als weniger lästig eingestuft.

Fortschritt bringt bei der Modellpflege für den Jahrgang 1969 die neue, elastischere Lagerung des Motors mit vier statt drei Gummi-Metalllagern. So überzeugt der Antrieb vor allem bei höheren Drehzahlen mit einem vibrationsarmen Lauf. Mit der Umstellung von Magnesiumguss auf Aluminium-Druckguss für Motorblock und Ölwanne verbessert Volkswagen auch die Zugänglichkeit von Öleinfüllstutzen und Peilstab, die nun von oben erreichbar sind. Sehr angetan sind die Tester vom guten Licht aus den Doppelscheinwerfern und der Verarbeitungsqualität.

Mit dem zusätzlichen Drehstabstabilisator an der Hinterachse ist der Grenzbereich in Kurven besser kontrollierbar. Als besondere Stärke aber wird der Federungskomfort des 411 E genannt: Kleine und große Bodenunebenheiten schluckt der modellgepflegte Typ 4 demnach besser als viele seiner Klassenkonkurrenten. Lob gibt es zudem für die bequemen Sitze.

Zum Verkaufsstart des 411 im August 1968 kostet die zweitürige Limousine 7770 Mark, für den Viertürer werden 8090 Mark fällig – der Opel Rekord C ist ein paar Hunderter günstiger. Die leistungsstärkere Einspritzversion 411 E, ab August 1969 angeboten, kostet 7985 und 8385 Mark. Für den ausschließlich zweitürig angebotenen Variant werden 8355 Mark aufgerufen.

Ende der 1960er-, Anfang der 1970er-Jahre sind viele heute übliche Ausstattungsdetails noch aufpreispflichtige Extras. Im Vergleich zu Wettbewerbern ist der 411/412 gut ausgestattet. Die Kunden wählen häufiger als die Normalversion die L-Ausstattung mit Zeituhr, abblendbarem Innenspiegel, Make-up-Spiegel, Veloursteppichen, Innen-Vollverkleidung, Liegesitzen vorne und außen mehr Chromzierrat. Wegen der schwachen Heizungs-Leistung serienmäßig haben die Modelle eine benzinelektrische Standheizung mit Zeitschaltuhr. Beliebte Extras, die Kunden gerne wählen, sind Kopfstützen vorne, Heckscheibenheizung, Kunstleder-Sitzbezüge, Sicherheitsgurte und das Schiebedach.

Als Extras gibt es die L-Ausstattung für einen Mehrpreis von 400 Mark, ein Stahl-Kurbeldach für 400 Mark und ein Automatik-Getriebe für 800 Mark. Zunächst ist ab 1968 die viertürige Limousine bei den Kunden am gefragtesten. Mit knapp 15 400 Exemplaren verkauft er sich mehr als doppelt so gut wie der Zweitürer. 1970 liegt der Variant in der Käufergunst vorn. Zwei- und Viertürer kommen zusammen auf etwa das Volumen des Kombis, der über 21 000 Mal gebaut wird. Seinen Verkaufshöhepunkt hat das Modell 1971, als knapp 80 000 Fahrzeuge produziert werden. Das Stiefkind VW K 70, bei NSU entwickelt, kommt in seinem ersten vollen Produktionsjahr auf immerhin knapp 77 000 Fahrzeuge, obwohl er gut 700 Mark teurer ist als der 411er.

1972 kommt dann nach weiteren Modellpflegemaßnahmen der 412 als Nachfolger des 411 ins Angebot – mit zahlreichen Verbesserungen an Interieur und Technik. 1973 wird die Produktion von Wolfsburg nach Salzgitter verlegt. Es geht von der Einspritztechnik zurück zur Gemischaufbereitung mittels Vergaser. Dem 412 und dem K 70 macht 1973 der Passat den Garaus. 1974 sind die Produktionszahlen von 412 und K 70 in den Keller gerauscht. Nur 2642 zweitürige 412-Limousinen, 5342 Viertürer und 20 365 Variant verlassen das Werk sowie 7335 K 70.

Der VW 411 wird nur bis 1972 gebaut und vom 412 abgelöst

VW 411 E

Motor
Typ: Wassergekühlter Vierzylinder-Boxermotor, hinten längs eingebaut, eine zentrale Nockenwelle, angetrieben über Stirnräder, hängende Ventile über Stoßstangen und Kipphebel betätigt, 1679 cm³ Hubraum, Bohrung x Hub 90 x 66 mm, Verdichtung 8,2:1, 80 PS bei 4900/min, elektronisch gesteuerte Bosch Kraftstoffeinspritzung D-Jetronic, Kraftstoffbedarf Super

Antrieb
Hinterradantrieb, Viergang-Handschaltung, gegen Aufpreis Dreigang-Automatik

Aufbau
Selbsttragende Ganzstahlkarosserie, zwei Türen, gegen Aufpreis vier Türen, Kugelumlauflenkung, vorne McPherson-Federbeine, Schraubenfedern, Quer- und Schräglenker, Stabilisator, hinten Schräglenker, Schrauben- und Gummihohlfedern, Querstabilisator, vorn Scheibenbremsen, hinten Trommelbremsen

Abmessungen
Länge 4525 mm, Breite: 1635 mm, Höhe: 1485 mm, Radstand: 2500 mm, Spurweite vorn/ hinten: 1380, 1340 mm, Gewicht: 1100 kg, Tankvolumen: 50 Liter

Fahrleistungen
Verbrauch: 12,5 (Automatik: 13,5) Liter/100 km, Höchstgeschwindigkeit: 155 km/h, Automatic: 152 km/h, Neupreis 1982: ab 11 790 DM, Stückzahlen (1966 - 1974): gesamt: 355 200

Oben links: Mit den ovalen Scheinwerfern wirkt der frühe 411 etwas glupschäugig

Links Mitte: Vier Türen, elf Jahre zu spät wurde über den VW 411 gespottet

Unten links: 411 mit Kölner Dom im Hintergrund: Atacke auf Ford?

Volkswagen Passat BI Variant

1974–1980

Elegant und praktisch

Volkswagen bekommt schon 1970 aus der NSU-Erbmasse eine moderne Stufenheck-Limousine mit Frontantrieb, den K70. Erst mit dem Passat ab 1973 startet das Unternehmen den Verkauf einer eigenen Entwicklung. Im Januar 1974 gesellt sich der praktische Variant dazu.

Werksintern als Typ 32 bezeichnet, wird der VW Passat ab Ende Juli 1973 im Werk Emden gebaut. Ab Januar 1974 ergänzt der Typ 33 das Modellangebot: der praktische Passat Variant. Formal und technisch ist der Passat eng mit dem Audi 80 verwandt, der als Limousine jedoch bereits im Juni 1972 vorgestellt wird. Der von Generaldirektor Rudolf Leiding und Audi-Entwicklungschef Ludwig Kraus konzipierte Baukasten, auf dem Audi 80 wie VW Passat aufbauen, ist ein Erfolg. Ital-Design (Giorgio Giugiaro) ist hier wie da für die Gestaltung verantwortlich und hat mit geschickten Handgriffen aus dem stets als Stufenheck-Limousine gebauten Ingolstädter den Volkswagen mit Schrägheck gemacht. Großen Erfolg hat Volkswagen in Zusammenarbeit mit italienischem Design. So ist der bei Karmann als Coupé und Cabriolet gebaute Karmann Ghia ein Publikumsliebling. Dem ab 1955 gebauten Coupé wird die offene Version 1957 zur Seite gestellt. Allein das Cabrio ordern über 80 000 Kunden.

Synergien durch Fahrzeuge mit vielen Gleichteilen finden Volkswagen und Audi ab 1972. Der erste Audi 80 wird vom italienischen Designer Giorgio Giugiaro gestaltet und mit geschickten Handgriffen zum ersten Passat von 1973 umgestaltet. Giugiaro arbeitet vor 1967 übrigens bei Fiat, Bertone und Ghia, bevor er seine eigene Firma gründet. Auch der erste Golf und der erste Scirocco stammen aus der versierten Feder des Mannes, der einer kunstaffinen Familie entstammt.

Der Passat Variant erscheint jedoch vor dem Audi 80, der als Kombi erst im September 1975 auf den Markt kommt – nicht in Deutschland, sondern ausschließlich als Exportartikel für die USA

Mit Baukasten zum Erfolg: Passat als zwei- und Viertürer mit Schrägheck und als Kombi

Frontantrieb und moderne Motoren für den neuen Volkswagen Passat mit italienischen Gesichtszügen

Etwas Holz am Armaturenbrett macht es wohnlich

Vierzylinder-Reihenmotoren sorgen für Vortrieb

und Großbritannien. Nach Heinrich Nordhoff (1948-1968) und Dr. Kurt Lotz (1968-1971) wird Rudolf Leiding der dritte Vorstandsvorsitzende in der Geschichte der Volkswagen AG. Leiding feiert noch den Produktions-Weltrekord des Käfers. Er bleibt bis zum Januar 1975 im Amt. Mit dem in Ingolstadt bei der Auto-Union erworbenen Ruf als erfolgreicher Krisen-Manager setzt er das Baukastensystem beim modernen Mittelklasse-Modell Passat erfolgreich durch.

Mit dem Erscheinen des Passat ist der VW 1600, Typ 3 jedenfalls Geschichte. Dessen überholtes Konzept lässt die modernere Konstruktion schnell hinter sich und macht auch den K70 und den 411/412 entbehrlich. Schließlich glänzt der stattlich und elegant wirkende, geräumige Passat nicht nur durch die italienisch inspirierte Form, sondern auch durch Leistung, Fahreigenschaften und angenehme Bedienbarkeit. Die Kritik an der eingeschränkten Sicht nach schräg hinten gilt auf keinen Fall für den Variant. Die Kundschaft der bis Oktober 1980 über zwei Millionen Mal verkauften Baureihe entscheidet sich zu rund einem Viertel für diesen praktischen Kombi, während die Hälfte die Schrägheckausführung mit Kofferraumklappe nimmt. Die restlichen 25 Prozent greifen zur zwei- wie viertürig lieferbaren Kombi-Limousine mit großer, bis ans Dach reichender Heckklappe. Sie bereichert jedoch erst ab Januar 1975 das Angebot. Zum Start des stets viertürigen Variant stehen drei

Benzinmotoren zur Auswahl, mit 55, 75 und 85 PS.

Für den mindestens 920 Kilogramm schweren Variant sind die 55 PS aus 1,3 Litern Hubraum knapp ausreichend, während die beiden leistungsstärkeren Ausführungen recht munter wirken. Sie haben knapp 1,5 Liter Hubraum. Entsprechend der Leistung staffeln sich auch die erreichbaren Höchstgeschwindigkeiten, die bei 150 km/h, 160 und 168 km/h liegen. Zusätzlich zu der Motorenauswahl können die Kunden sich für verschiedene Ausstattungsoptionen entscheiden: L, S und LS heißen sie. Ab August 1986 kommt die Ausführung GLS dazu. Die verschiedenen Ausstattungsstufen sind vor allem an den unterschiedlichen Scheinwerfern zu identifizieren: Die Basisausführung hat einfache Rundscheinwerfer, "L" und "LS" zeigen eckige Breitbandleuchten. Der "TS" kommt mit runden Doppelscheinwerfern daher. Technisch unterscheiden sich die Passat-Modelle vom Audi 80 kaum. Vor allem wegen der Kombi-Version hat der Passat eine

Als Einstiegsmotorisierung reichen 55 PS

Elegant-dynamisches Heck am Variant

Einstiegspassat wiegt unter 1000 Kilogramm

andere Konstruktion der starren Hinterachse als der Audi.

Federn und Dämpfer sind beim VW getrennt angeordnet, um auf platzraubende Federbeindome verzichten zu können. Die Vorderradaufhängung der beiden Konzernbrüder ist praktisch gleich. Das gilt auch für viele weitere Technikelemente und Bauteile. Ein Unterschied zum ersten Audi 80, im Prinzip baugleich mit dem Passat, zeigt sich an der Hinterachse. Um platzraubende Federbeindome der starren Rohrachse zu vermeiden, wählt VW eine kompaktere Bauweise mit Querstabilisator im Achsrohr. Die McPherson-Federbein-Vorderachse überzeugt beim ersten Passat. Mit dem innovativen negativen Lenkrollradius soll wie beim Audi 80 die Spurstabilität beim Bremsen erhalten bleiben – erstes deutsches Auto mit dieser Technik war aber das Fuldamobil von 1951. Die Zahnstangenlenkung hat die gleiche Übersetzung (19,1:1) wie auch die Scheibenbremsen vorne mit 239 Millimetern den gleichen Durchmesser haben und die Trommelbremsen hinten bei VW und Audi unisono 180 Millimeter aufweisen. Als optionale Automatik steht für die 75 und 85 PS-Ausführung ein Dreigang-Planetengetriebe mit hydraulischem Wandler zur Wahl. Ansonsten ist es üblich, vier Gänge von Hand zu schalten, wobei Volkswagen hier ab Anfang 1975 die Käufer durch eine Optimierung erfreut. Im Zuge von Modellpflege erfreut die Schaltung anschließend durch einwandfreie Präszision und einen verkürzten Schalthebel. Zur gleichen Zeit kommen auch neue Vollschaumstoff-Sitze zum Einsatz anstelle derer mit Federkern. Bereits im August 1974 wird der 75 PS-Motor auf den Einsatz mit Normal- statt Superbenzin umgestellt. Ein Jahr später bekommen die beiden stärkeren Triebwerke etwas mehr Hubraum eingeschenkt, so dass die 75 beziehungsweise 85 PS nicht mehr aus 1471 cm^3 geschöpft werden, sondern aus 1588 cm^3. Bei niedrigerer Verdichtung kann nun auch Normalkraftstoff getankt werden. Das maximale Drehmoment liegt nicht nur bei niedrigeren Drehzahlen an, es nimmt spürbar zu.

Sparsamer wird der Passat allerdings nicht. Bei einem Normverbrauch von gut zehn Litern auf 100 Kilometern (mit Automatik auch 11 bis 11,5 L/100 km) sind mit dem Tankinhalt des Variant nicht einmal 500 Kilometer Reichweite ohne Stopp möglich. Immerhin hat der Kombi mit 50 Litern das etwas größere Reservoir als die Limousine (45 Liter). Zusammen mit den hubraumstärkeren Motoren ändert Volkswagen auch etwas am äußeren Erscheinungsbild des Passat. Die zierlichen Chromstoßstangen mit den vorne integrierten Blinkleuchten erhalten eine Gummiauflage und Stoßstangenecken aus Kunststoff. Weitere Maßnahmen erfolgen an dieser Stelle zum August 1977.

Zu der Zeit bekommt die Baureihe Stoßfänger, die ansatzweise in die Karosserie integriert und kunststoffummantelt sind. Immerhin profitieren die Käufer von etlichen Maßnahmen zugunsten des Fahr- und Bedienungskomforts, etwa einem Heckscheibenwischer beim Variant. Wenig später kommt außerdem ein anderer Basismotor zum Einsatz: Es ändert sich nichts an der Leistung von 55 PS, aber mit 1272 cm^3 ist der Hubraum eine Idee knapper eingeschenkt. Das maximale Drehmoment dieses auch im Polo und Golf verwendeten Querstrommotors sinkt von 9,4 mkg bei 2500/min auf 9,2 mkg bei 3400/min. Anders als bei den kleineren Modellen ist die Maschine im Passat aber längs eingebaut und nicht quer.

Erst ab Mitte 1978 bietet Volkswagen zusätzlich zu den Benzinern einen Diesel an. Der Wirbelkammermotor schöpft 50 PS aus 1,5 Litern Hubraum – wenig für den 975 Kilogramm wiegenden Variant, der damit maximal 141 km/h erreicht und aus dem Stand in 21,5 Sekunden auf 100 km/h beschleunigt werden kann. Aber mit 7,5 L/100 km ist er halt deutlich sparsamer als der kleine Benziner. Leistungshungrige Passat-Freunde müssen sich bis zum Februar 1979 gedulden, denn ab diesem Zeitpunkt ergänzt Volkswagen die Vergasermotoren um den 110 PS starken Einspritzmotor, der, wie die anderen Maschinen, eine obenliegende, zahnriemengetriebene Nockenwelle aufweist. Damit rennt der ab August lieferbare Variant dann bis zu 185 km/h schnell. Für die Kraftstoffversorgung ist eine mechanische Einspritzanlage von Bosch zuständig. Trotz der höheren Leistung und der verbesserten Fahrdynamik steigt der Normverbrauch nur um 0,5 Liter auf 11,5 L/100 km (Super).

Ein Wort noch zu den Preisen: Volkswagen verlangt für den Passat mehr als Audi für den 80er aufruft. Der Passat Variant LS mit 75 PS kostet anfangs wenig mehr als 10 000 Mark. Im letzten Angebotsjahr ist der Preis auf über 15 000 Mark geklettert – beim Nachfolger kostet bereits das zweitürige Einstiegsmodell mit 55 PS so viel! Der kommt Ende 1980 auf den Markt und kann die begonnene Erfolgsgeschichte nahtlos fortschreiben.

VW Passat Variant ab 1974

Motor
Wassergekühlter Vierzylinder-Reihenmotor, vorn längs eingebaut, 1272 bis 1588 cm^3 Hubraum, Bohrung x Hub: 75 x 72 mm bis 79,5 x 80 mm, Verdichtung 8,2:1 bis 23,5:1, 55 PS bei 5500/min bis 110 PS bei 6100/min, Kraftstoffbedarf Super, Normal, Diesel, Gemischaufbereitung mit Fallstromvergaser, Register-Fallstromvergaser, mech. Einspritzung Bosch K-Jetronic, Verteiler-Einspritzpumpe

Antrieb
Vorderradantrieb, Vierganggetriebe mit Mittelschaltung, auf Wunsch Dreigang-Automatik

Fahrgestell
Viertüriger Kombi, selbsttragende Ganzstahlkarosserie, Zahnstangenlenkung, vorne McPherson-Federbeine, Querlenker, Schraubenfedern, Querstabilisator, hinten Starrachse, Längslenker, Schraubenfedern, Querstabilisator im Achsrohr, Scheibenbremsen vorne, Trommelbremsen hinten, Diagonal-Zweikreis-Hydraulik, Servohilfe

Abmessungen
Länge: 4265 mm, Breite: 1615 mm, Höhe: 1360 mm, Radstand: 2470 mm, Spurweite vorn/hinten: 1340/1350 mm, Gewicht: 920 - 985 kg, Tankvolumen: 50 Liter

Fahrleistungen
Verbrauch: 10, 10,5, 11,5, 7,5 Liter/100 km, Höchstgeschwindigkeit: 141 – 185 km/h, Neupreis 1973: ab 10 105 DM (75 PS LS), Stückzahlen (1973-1980): ca. 500 000 Variant, rund 2 Mio gesamt

Volkswagen Passat BII

1980–1987

Konstant erfolgreich

1980 wird die seit sieben Jahren erfolgreiche erste Passat-Generation abgelöst. An Konzeption und Erscheinungsbild hat sich nichts Gravierendes geändert, aber in wiederum sieben Jahren Bauzeit tut sich erneut viel an den beliebten Limousinen und Kombis.

Das italienische Design für Autos aus der norddeutschen Tiefebene hat ein süddeutsches Vorbild: Der Audi 80 aus der Feder von Italdesign (Giorgio Giugiaro) unterscheidet sich nur geringfügig vom 1973 lancierten, ersten Passat. Als im Oktober 1980 nach über zwei Millionen verkaufter Wagen die zweite Generation des Mittelklasse-Fahrzeugs auf den Markt kommt, zeigt sich die Linienführung sanft weiterentwickelt. Konzeptionell gibt es am Erfolgsmodell wenig zu ändern. Der Zugewinn an Länge und Breite ist insbesondere im Innenraum positiv spürbar, macht den Wagen aber auch äußerlich repräsentativer. Angeboten wird der Passat II als Schrägheck-Limousine sowie als Kombi mit zwei und vier Türen. Erst 1981 gesellt sich eine viertürige Stufenheckversion dazu, die jedoch als VW Santana angeboten wird und nur als Viertürer lieferbar ist. Neben einer reichhaltigeren Serienausstattung unterscheidet sich der Santana vom Passat durch einen erheblich höheren Listenpreis.

Ab Anfang 1985 gibt es den Santana dann in Deutschland nicht mehr, denn er heißt dann wie Schrägheck und Kombi einfach Passat. Diese viertürige Stufenheck-Limousine kostet das Gleiche wie ein entsprechend ausgestatteter und motorisierter Schrägheck-Passat. Mit 55, 75, 85 und 115 PS starken Benzinmotoren und dem 54 PS leistenden Saugdiesel startet das Modellangebot. Preislich geht es bei knapp über 15 000 Mark los. Der 115 PS starke Passat mit GLS-Ausstattung kratzt an der 20 000 D-Mark-Schwelle.

Im August 1982 erweitert Volkswagen das Motorenangebot um den Dieselmotor mit Abgasturbolader. Das hebt die Leistung des Wirbelkammer-

Die Linien des ersten Passat sind noch erkennbar, aber sanft weiterentwickelt

Neben Benzinmotoren stehen nun auch Diesel im Programm

Modellgepflegter Passat im Polizei-Dress ab 1985

motors von 54 auf 70 PS und sorgt für rund 30 Prozent mehr maximales Drehmoment. Dafür ist jedoch ein Aufpreis von rund 2000 Mark zu bezahlen. Auf dem IAA-Messestand von Volkswagen wird in Frankfurt im Herbst 1983 die Studie Passat Variant Tetra gezeigt. Für die Besucher nicht wirklich erkennbar ist die Bodengruppe des Passat Syncro gegenüber dem Frontantriebs-Passat verändert. Hier ist der Mitteltunnel größer, die Reserveradmulde im Heck verschwunden und der Tank weiter nach hinten verlegt. Diese Maßnahmen geben der aufwendigen Hinterachse mit Hilfsrahmen, Schräglenkern und dem Differential Platz. Das permanente Allradsystem entspricht dem Quattro-System von Audi: Drehmomentverteilung vorne/hinten mit 50/50 Prozent bei ungesperrtem Mitteldifferential, Heckdifferential ebenfalls sperrbar. Der Passat Syncro ist ein Variant und anfangs nur mit GT-Ausstattung erhältlich.

1983 bringt Volkswagen eine überarbeitete Benzin-Motorenpalette. Der Fünfzylinder leistet weiterhin 115 PS, hat aber jetzt knapp zwei Liter Hubraum. Das Basistriebwerk leistet nun 60 statt 55 PS, das 75 PS-Triebwerk mit 1595 cm^3 statt 1588 cm^3 ist leicht kurzhubig ausgelegt. Der 1,8 Liter-Motor mit nun 90 PS löst den alten 1,6 Liter-Vergaser mit 85 PS ab. Dieses Einspritzer-Triebwerk ist dann ab 1984 kombinierbar mit Lambda-Sonde und Dreiwege-Katalysator. Als Sondermodell gibt es außerdem den Passat Variant GT mit 112 PS starkem und 1,8 Liter großem Vierzylinder, kombiniert mit sportlich gestuftem Fünfganggetriebe, Sportsitzen und Sportlenkrad. 1984 geht der Passat Syncro in Serie. Für rund 8000 Mark Mehrpreis hat er ab Werk einen permanenten Allradantrieb. Platzgründe sorgen beim Passat Syncro dafür, dass anstelle eines vollwertigen Ersatzrades nur ein Notrad an Bord ist. Es steht seitlich links im Kofferraum unter einer Abdeckung; es ist schmaler als die Serienbereifung und erlaubt nur bis zu 80 km/h für begrenzte Distanzen.

Mit einem ab Januar 1985 eingeführten Facelift ändert Volkswagen das Erscheinungsbild des Passat: Der Kühlergrill zeigt drei Querlamellen, es gibt Halogen-Breitbandscheinwerfer, breite, seitliche Stoßleisten sowie breitere, bis an die Radausschnitte herumgezogene Stoßfänger vorne und hinten.

Die Schrägheck-Version erhält nicht nur einen Heckspoiler, sondern auch eine größere, bündig verklebte Heckscheibe. Mit bis zu 136 PS erreicht der Passat eine neue Höchstleistung, die aus dem gut 2,2 Liter großen Fünfzylinder-Reihenmotor gekitzelt werden. Im Vergleich zum 115 PS-Fünfzylinder ist das stärkere Triebwerk mit 10,0 zu 1 deutlich höher verdichtet und benötigt Super-Kraftstoff statt Normalbenzin. Dafür marschiert der Wagen aber auch fast 200 km/h und verbraucht im Durchschnitt 1,5 Liter/100 km weniger als der Passat mit 115 PS.

Den Variant gibt es fortan nur viertürig, und der Santana wandelt sich zum Passat Stufenheck, womit sich auch die Preise an die entsprechend ausgestatteten und motorisierten Schrägheck-Passat angleichen.

Ab Juli 1986 wird der 1,3 Liter große Benziner nicht mehr angeboten. Der günstigste Passat kostet ab August 1986 genau 20 750 Mark. Die 136 PS-Version mit GT-Ausstattung kratzt an der 30 000 Mark-Schwelle, der Variant Syncro bleibt ein paar Hunderter darunter. Nachdem der Zweitürer über die Jahre fast kontinuierlich an Bedeutung verlor, vor allem in den 1980er-Jahren, endet die Fertigung 1984 aufgrund zu geringer Nachfrage. Die Beliebtheit zwischen viertüriger Limousine und Kombi wechselt dagegen. Werden 1981 noch 107 000 viertürige Limousinen und gut 86 000 Variant produziert, so sind es 1983 nur knapp 65 000 Limousinen und gut 101 000 Kombis.

Danach bleibt der Variant vorne. Erst nach dem Modellwechsel ändern sich die Vorzeichen, wenn auch nur im Jahr 1988: Da wird die Limousine mit 132 000 Fahrzeugen öfter hergestellt als der Variant, von dem knapp 80 000 Wagen entstehen. Insgesamt ist die Produktion des Passat II mit knapp 144 000 Wagen 1984 am schwächsten. Die besten Jahre sind 1981 (knapp 199 000 Fahrzeuge) und 1986 (192 000 Fahrzeuge). Der Nachfolger kann trotz der gewöhnungsbedürftigen Gestaltung ohne Kühlergrill sofort Stückzahlen von mehr als 200 000 Wagen erreichen.

Der Anteil von Passat II mit Dieselmotor liegt übrigens zwischen rund 25 und 35 Prozent der gebauten Wagen. Für die Allradausführung „Syncro" führt die Statistik im Jahr 1986 nur 7203 gefertigte Autos, 1987 dann 5758 Fahrzeuge an. Zum Vergleich: Vom Passat I setzt das Unternehmen in seinem besten Jahr (1974) über 312 000 Fahrzeuge ab und beim Modellmix geht hier die Hälfte an die Limousine mit kleinem Kofferraumdeckel, je ein Viertel an die Schräghecklimousine und den Variant.

Noch bis 1974 baut Volkswagen Mittelklasse-Fahrzeuge mit luftgekühlten Boxermotoren im Heck, doch ab 1973 setzen sich die flüssigkeitsgekühlten Reihenmotoren samt Vorderradantrieb erfolgreich durch. Auf den Passat (1973) folgen Golf (1974) und Polo (1975). Nach sieben Jahren hat sich der Passat dann eine gründliche Überarbeitung redlich verdient. Dabei bleibt es fahrwerkseitig bei bewährten Baugruppen. Die Radführung vorne an McPherson-Federbeinen hat ebenso weiterhin Bestand wie die Starrachse hinten und die Kombination aus Scheibenbremsen vorne und Trommelbremsen hinten. Mit der Einführung strengerer Abgasnormen stellt der Passat II ein wichtiges Bindeglied zu modernen Autos dar, weil ab 1984 der ungeregelte Katalysator angeboten wird und Einspritztechnik so langsam die Gemischaufbereitung mittels Vergaser ablöst.

Ähnlich wie es Ende der 2010er-Jahre wenig Ladesäulen für Elektroautos gibt, leidet die Nachfrage nach Katalysator-Fahrzeugen damals an mangelnder Verfügbarkeit von bleifreiem Kraftstoff. Doch das ändert sich dann schnell. Das Angebot an Einspritzmotoren mit Dreiwege-Katalysator und Lambda-Regelung steigt ab 1986 stark an.

Noch ein Wort zu den raren Passat

Die Abrisskante am Heck und die bis zu den Radläufen reichenden Stoßfänger zeigen Passat ab 1985

Passat II der ersten Baujahre noch mit zierlichen Stoßstangen

Anfangs als Santana verkaufte Stufenheckversion des Passat

Volkswagen Passat BII

Motor
Wassergekühlte Vier- und Fünfzylindermotoren, vorn längs eingebaut, 1272 bis 2226 cm³ Hubraum, Bohrung x Hub 75 x 72 bis 81 x 86,4 mm, Verdichtung 8,0:1 bis 23,0:1, 54 PS bei 4800/min bis 136 PS bei 5700/min, Kraftstoffbedarf Normal- und Superbenzin, Diesel, Register-Fallstromvergaser, Einspritzung (Bosch KE-Jetronic), Verteiler-Einspritzpumpe

Antrieb
Vorderradantrieb, permanenter Allradantrieb (Syncro), vollsynchronisiertes Vierganggetriebe mit Mittelschaltung, 4+E- und Fünfganggetriebe, auf Wunsch Dreigang-Automatik

Fahrgestell
Selbsttragende Ganzstahlkarosserie mit zwei oder vier Türen, Schrägheck- und Kombilimousine, Zahnstangenlenkung, teilweise mit Servounterstützung, vorne McPherson-Federbeine mit Querlenkern und Schraubenfedern, Stabilisator, hinten Rohr-Starrachse, Längslenker, Schraubenfedern, Querstabilisator im Achsrohr, Syncro: Federbeine, Schräglenker, Stabilisator, hydraulisch betätigte Scheibenbremsen vorn, Trommelbremsen hinten

Abmessungen
Länge: 4435 mm, 4425 mm, Variant : 4545 mm, Breite: 1685 mm, 1710 mm, Variant 1685 mm, Höhe: 1385 mm, Radstand: 2550 mm, Spurweite vorn/hinten: 1400/ 1408 bis 1414/ 1422 mm
Gewicht: 970 - 1265 kg, Tankvolumen: 60 Liter, Syncro: 70 Liter

Fahrleistungen
Verbrauch: 10 bis 13,5 Liter/100 km, 7,5 bzw. 8,0 Liter/ 100 km
Höchstgeschwindigkeit: 144 - 195 km/h
Neupreis 1985 (Passat Variant CL 75 PS) : 20 120 DM
Stückzahlen (1980 - 1987): ca 1,2 Millionen

Syncro: Der permanente Allradantrieb ist im Variant mit 90 PS, 115 PS und 120 PS bestellbar. Die Kraftübertragung erfolgt hier von einem sperrbaren Verteilerdifferential mit integriertem Vorderachsdifferential über eine Kardanwelle auf ein sperrbares Hinterachsdifferential. Anders als seine Modellkollegen ohne „syncro" hat die Allradausführung keine Starrachse hinten, sondern Federbeine mit Schräglenkern. Das Tankvoumen beträgt 70 statt 60 Liter, eine Konzession an den etwas höheren Verbrauch, zu dem neben den Reibungsverlusten des Allradantriebs auch das rund 80 Kilogramm höhere Leergewicht beiträgt.

Nicht nur in Deutschland, sondern auch im Ausland ist der Passat B2 beliebt, heißt aber oft anders: In den USA wird der Passat Variant „Quantum" genannt, in Mexiko heißt er „Corsar", in Argentinien „Carat". In Brasilien steht „Quantum" für den Variant und als Santana kommt er mit Schrägheck. Mit leichten Karosserieretuschen verkauft Ford das Modell als Versailles (mit Stufenheck) und Royale (Variant), auch als Zweitürer. In China läuft der Passat B2 bis Ende des Jahres 2014 vom Band.

Volkswagen Scirocco II

1981 – 1992

Im neuen Kleid

Mit einer komplett neuen Karosserie stellt Volkswagen 1981 den Scirocco II als Nachfolger des seit 1974 gebauten Typ 53 vor. An der Technik ändert sich im Vergleich zum Vorgänger nur wenig. Die Form des neuen Coupés entwickelt nicht Giugiaro sondern VW selbst.

Noch vor dem ersten Golf präsentiert Volkswagen im März 1974 den ersten Scirocco. Als Nachfolger des beliebten Karmann-Ghia entstehen die Fahrzeuge ebenfalls in Osnabrück. Scirocco – dieses nach einem heißen Wüstenwind benannte Golf-Coupé aus der Feder des italienischen Designers Giorgio Giugiaro bekommt 1981 einen Nachfolger. Hier hat sich an der wie zuvor verwendeten Technik des Golf I praktisch nichts geändert. Die Karosserielinien jedoch weisen einen neuen Duktus auf. Sie entstehen nicht in italienischen Studios sondern am Mittellandkanal bei den Kreativen des Volkswagenwerks. Der Scirocco erscheint nun mit etwas rundlicheren Formen, doch zeitgenössische Kritiker empfinden diese als noch langweiliger als zuvor. Aus heutigem Blickwinkel bleibt diese Aussage ebenso strittig wie sie es damals ist. Unbestreitbar besser als beim Vorgänger ist der Luftwiderstandsbeiwert, auch Cw-Wert genannt, der von 0,42 bei Scirocco I auf 0,38 beim Nachfolger Typ 53b sinkt. Unzweifelhaft ist ebenfalls, dass der neue Scirocco im Vergleich zum Vorgänger mehr Platz im Innenraum bietet und ein zuverlässiges wie sparsames Auto ist.

Erstaunlicherweise legt das neue Coupé kaum an Gewicht zu und wiegt in der 60 PS starken Basisversion mit 830 Kilogramm nur 25 Kilos mehr als die 50 PS starke Basisausführung des Vorgängers. Bei unverändertem Radstand ist der neue Scirocco 20 Zentimeter länger und als Grundversion besser ausgestattet. Der kleine 1100er-Motor mit 50 PS wird nicht mehr angeboten; er ist auch im Scirocco I nur bis 1979 im Programm. Mindestens 60 PS aus 1,3 Litern Hubraum sind es nun ab 1981. Wem das nicht reicht, der kann auch mit 70, 85 oder 110 PS unterwegs sein. Fünf Gänge sind zu Anfang der 1980er-Jahre nicht in allen Sciroccos serienmä-

Im Vergleich zum Scirocco der ersten Serie wird der Nachfolger rundlicher gezeichnet

ßig. Mit 60, 70, 75 und 85 PS können es auch vier Fahrstufen sein. Das vom Golf bekannte System „Formel E" mit sogenanntem 4 + E-Getriebe wird beim Scirocco nicht gezielt vermarktet, wohl aber verbaut.

Er ist ein Highlight der Frankfurter Internationalen Automobilausstellung im September 1983: Volkswagen zeigt den Scirocco 16V. Vier Ventile pro Zylinder und zwei obenliegende Nockenwellen sind zu der Zeit etwas Besonderes, doch die Zeit scheint bei Volkswagen noch nicht ganz reif zu sein. Erst ab April 1985 liefert das Unternehmen die ersten Fahrzeuge aus. Der Absatz läuft eher verhalten. Das liegt zum einen am Preis von knapp 30 000 Mark, der mehr als 3000 Mark über dem des 112 PS starken GTX liegt. Dazu kommen Gerüchte, die über einen gewissen Leistungsmangel berichten. Die versprochene Höchstgeschwindigkeit wird demnach noch lange nach Serienanlauf verfehlt. Bald schon gilt der Golf GTI 16V als das harmonischere Auto.

Mit der Einführung der Katalysatortechnik wird das Motorenangebot aber in den Jahren nach der Modelleinführung laufend aktualisiert. 1985 etwa gibt es den 95 PS starken Scirocco, der über eine mechanische Einspritzung sowie den geregelten Katalysator verfügt, während die 90 PS starke Vergaser-Ausführung bis 1988 im Programm bleibt. Der 110 PS starke GTI mit 1,6 Litern Hubraum wandelt sich zum 112 PS starken Modell mit 1,8 Litern Hubraum.

Der ab 1985 angebotene Scirocco 16V hat zunächst 139 PS. Ein Jahr später folgt die Ausführung mit geregeltem Kat, die nur noch 129 PS leistet. Anders als vom Unternehmen geplant, bleibt der Absatz des Scirocco jedoch hinter den Erwartungen zurück. Rund eine halbe Million Fahrzeuge will Volkswagen im Laufe der Bauzeit verkaufen, so die Planung, doch nach gut 290 000 Autos ist Schluss. So nimmt die Nachfrage im Laufe der Jahre kontinuierlich ab. Das mag auch an den vielfach als zu hoch empfundenen Preisen liegen. So kostet der letzte Scirocco I als GTI mit 110 PS im März 1980 laut Liste 19 430 Mark, und gut ein Jahr später im April 1981 stehen 22 340 Mark für den Scirocco II GTI in der Preisliste. Zum Vergleich: Ein viertüriger Passat GLS mit 115 PS kostet da gut 20 000 Mark. Volkswagen versucht, den Verkauf unter anderem durch Sondermodelle anzukurbeln und bringt in Ergänzung zu Scirocco L, LS, GLS, GLI, CL, GL, GT und GTI das Sondermodell GTS mit spürbarem Preisvorteil auf den Markt.

Das zweitüriger Scirocco-Coupé besticht mit Alltagstauglichkeit und Motorenvielfalt

Es folgen weitere Sondermodelle, etwa der GTX ab 1984, der bis 1987 mit 90, 112 und 139 beziehungsweise 129 PS angeboten wird. Eine kürzere Verweildauer im Programm haben die Varianten White Cat (1985) und Tropic (1986). Ende 1985 sind dann zunehmend geregelte Katalysatoren serienmäßig verbaut, beginnend beim 1,8 Liter Einspritzer und dem 16V.

Ebenfalls 1986 eingeführt wird die Version "Scala", die ab 1989 neben dem GT II als letzte verbliebene Ausführungen im Markt sind. Schließlich gibt es da bereits den Corrado, ein auf dem Golf II basierendes Coupé mit mindestens 136 PS. Von 1986 bis 1991 bietet Volkswagen den Scirocco "Scala" an. Die Schweizer können auch den 16V als Scala ordern. Es stehen die Farben Paprikarot, Inkablau Metallic, Alpinweiß, Heliosblau Metallic und Saphir Metallic zur Auswahl. Zum Paket gehört eine auf die Außenfarbe abgestimmte Polsterung. Auch der in Wagenfarbe lackierte Rundum-Spoilersatz (Bestellcode: S701) gehört zum Ausstattungsumfang.

Nur bis Februar 1990 ist der Scirocco Scala mit 72 PS im Programm, damals für 24 165 Mark. Neben dieser Ausführung gibt es noch eine mit 95 PS, die als Scala 26 710 Mark und als GT II 27 980 Mark kostet. Letzterer ist damit sogar etwas günstiger geworden, als er ab August 1988 (28 320 Mark) oder Januar 1989 (28 880 Mark) angeboten wird. Zum Schluss der Lücke zwischen Scirocco und dem neuen VW Corrado mit 160 PS kommt dann 1990 der Sci-

Technisch gleichen sich Scirocco und Golf wie ein Ei dem anderen

Die große Heckklappe sorgt für Ladefreundlichkeit

Der Scirocco überzeugt bei Motorisierung und Fahreigenschaften

rocco 16V wieder ins Programm. Er sorgt immerhin für eine kurzfristige Belebung des Absatzes. Andere Sondermodelle des Scirocco werden teilweise nur auf speziellen Märkten verkauft, etwa der Storm für den britischen Markt, der Siegato für Kanada oder der Wolfsburg Limited Edition für die USA. Die Modelle GT II, Scala, GTX und GTS zählen zu den beliebtesten Ausführungen.

Technisch gesehen ist der Scirocco ein Golf. Kultivierte und leistungsfähige Motoren, hervorragende Fahreigenschaften, Zuverlässigkeit und Sparsamkeit erfreuen die Nutzer. Zum September 1983 hat Volkswagen ein paar kleine Überarbeitungen gemacht. So wird der Einarmwischer gegen ein Paar Scheibenwischer getauscht. Ab Ende Januar tauscht VW den mickrigen 40-Liter-Tank gegen ein Kunststoffbehältnis mit 55 Litern Fassungsvermögen aus. Doch um den nötigen Platz dafür zu schaffen, entfällt das vollwertige Ersatzrad gegen ein Notrad. Nur ein dürftiges Notrad statt eines richtigen Reserverads – die Kritik ist deutlich vernehmbar. Dabei treten Reifenpannen statistisch nur alle sieben Jahre einmal auf. Beim Scirocco ermöglicht das verschmähte Notrad den größeren Kraftstoffbehälter.

Wie es sich für ein Coupé geziemt, hat der Scirocco nur zwei Türen. Praktische Talente erhält der Wagen durch die oben am Dach angeschlagene große Heckklappe. Aus dem Gepäckabteil mit 415 Litern Volumen lässt sich nach

Ab August 1985 steht der Scirocco auf 14 Zoll-Rädern

Das Coupé gibt es mit 60 bis 139 PS Leistung

Umlegen der Rücksitze ein Ladeabteil mit einem Fassungsvermögen von immerhin knapp 1200 Litern erzielen. Auf der Heckklappe tront ein auffälliger Spoiler zur Minderung des Auftriebs an der Hinterachse. Aus der Heckschürze lugt ein Doppelauspuff vor.

Je nach Modellausführung ist der Scirocco nach zeitgenössischer Betrachtungmehr oder weniger komplett ausgestattet. Als optionale Ausstattung bietet Volkswagen unter anderem ein Schiebe-/Hebedach mit Windabweiser an. Es gibt Halogen-Nebelscheinwerfer, einen stärkeren Generator, Sitzheizung, Servolenkung – die serienmäßige Lenkung empfinden viele Kunden als zu schwergängig – , Verbandkasten und Warndreieckhalterung, Kassetten-Ablagefach, Heckscheibenwischer mit Intervallschaltung, Stereo-Cassettenradio Alpha, Beta oder Gamma, elektrische Fensterheber, elektrisch verstellbare Außenspiegel, Scheinwerfer-Reinigungsanlage sowie eine Klimaanlage. Beliebt ist auch der Rundum-Spoilersatz mit dem Bestellcode S708.

Für den Scirocco mit 70 und 85 PS und die nachfolgenden Modelle mit 72, 75, 90 und 95 PS kann anstelle des 4 + E und Fünfgang-Getriebes auch eine Dreistufen-Wandlerautomatik bestellt werden. Die dämpft allerdings das Sprintvermögen ebenso wie die Höchstgeschwindigkeit, und der Komfort wird mit einem Mehrverbrauch von rund einem halben Liter auf 100 Kilometern bezahlt. Nachdem die ersten Scirocco II auf Rädern mit 13 Zoll Durchmesser rollen, sind viele Fahrzeuge spätestens ab August 1985 auf den etwas größeren 14-Zöllern unterwegs. Zu den Scirocco-Raritäten zählen heute die Umbauten zum Cabrio oder Targa. Hier zeichnen sich vor allem die Firmen Bieber aus Borken und Horstein Autostyling aus Volkertshausen aus, die das Coupé öffnen und bügelfrei lassen. Raffay aus Hamburg bietet Targas an. Zwei Targa-Prototypen entstehen auch bei Karmann. Über tatsächliche Stückzahlen dieser Derivate gibt es jedoch keine verlässlichen Hinweise.

Der Rundum-Spoilersatz ist beliebtes Werkszubehör

Mit Sondermodellen wird die Attraktivität des Scirocco unterstützt

VW Scirocco II ab 1981

Motor
Flüssigkeitsgekühlter Vierzylinder-Reihenmotor, vorn quer vor der Vorderachse eingebaut, eine obenliegende Nockenwelle mit Zahnriemenantrieb, zwei Ventile pro Zylinder (16V: zwei obenliegende Nockenwellen, 4 Ventile pro Zylinder), 1271, 1457, 1588, 1595 bis 1781 cm^3 Hubraum, Bohrung x Hub: 875 x 72 mm, 79,5 x 73,4 mm, 79,5 x 80 mm, 81,0 x 77,4 mm, 81,0 x 86,4 mm, Verdichtung: 8,2:1 bis 10,0:1, 60 PS bei 5600/min, 70 PS bei 5600/min, 85 PS bei 5600/min, 110 PS bei 6100/min, 75 PS bei 5000/min, 72 PS bei 5200/min, 90 PS bei 5200/min, 95 PS bei 5500/min, 112 PS bei 5800/min, 139 PS bei 6100/min, 129 PS bei 5800/min, Gemischaufbereitung: ein Fallstromvergaser Solex 34 PICT-5, Solex 2B 2, mechanische Einspritzung Bosch K-Jetronic, ein Register-Fallstromvergaser, mechanisch-elektronische Einspritzung Bosch KE-Jetronic, Kraftstoffbedarf Normalbenzin, Superbenzin

Antrieb
Vorderradantrieb, Vier- und Fünfgang-Schaltgetriebe, auf Wunsch Automatik mit Drehmomentwandler und Dreigang-Planetengetriebe

Fahrgestell
Selbsttragende Ganzstahlkarosserie mit zwei Türen, Zahnstangenlenkung, Servounterstützung gegen Aufpreis, vorne McPherson-Federbeine, Querlenker, Schraubenfedern, Stabilisator, hinten Federbeine, Längslenker, Schraubenfedern, stabilisierender Querträger, Querstabilisator, Scheibenbremsen vorn, Trommelbremsen hinten, 16V: Scheibenbremsen vorne und hinten

Abmessungen
Länge: 4050 mm, Breite: 1625 mm, Höhe: 1306 mm, Radstand: 2400 mm, Spurweite vorn/hinten: 1390/1358 mm, 1404/1372 mm, Gewicht: 830 kg bis 1000 kg, Tankvolumen: 40, ab Jan. 1984: 55 Liter

Fahrleistungen
Verbrauch: 10,0, 10,5, 11 Liter/100 km, mit Automatik 0,5l/100 km höher, Höchstgeschwindigkeit:156 (Automatik: 159) km/h bis 204 km/h, Neupreis 1981: Ab 16 410 Mark, Stückzahlen (1981-1992): ca. 291 500

Frühe Scirocco haben nur einen Scheibenwischer vorne

Der Heckspoiler über der Heckscheibe ist Standard

Nur der Scirocco 16V hat auch hinten Scheibenbremsen

Volkswagen T4 Multivan

1990–2003

Basis für Freizeit

Im August des Jahres 1990 präsentiert das Unternehmen die vierte Generation leichter Nutzfahrzeuge, den modernen T4. Luftgekühlte Boxermotoren und Heckantrieb sind damit 1990 auch beim VW Transporter und seinen Derivaten weitgehend Geschichte.

Trotz Mauerfall und Wiedervereinigung ist auch das Ende einer anderen Ära unvergessen, das Aus der luftgekühlten Boxermotoren im Heck bei VW. Im August 1990 präsentiert Volkswagen den T4 als Nachfolger des Transporters T3. Statt Luftkühlung und Heckmotor gibt es nun wassergekühlte Frontmotoren und Vorderradantrieb beim intern Typ 70 genannten neuesten Bulli. Seit 1950 sind die Vorgänger T1, T2 und T3 als Lastesel, Aufbauhelfer und Freizeitbegleiter in Form von Kasten- und Pritschenwagen, als Kombi und Kleinbus sowie mit zahlreichen weiteren Aufbau- und Nutzungsvarianten produziert worden. Die Fangemeinde heult empört auf, doch es gibt kein Zurück. Mit der Einführung des T4 endet auch die Heckmotor- und Hinterradantriebsära am Volkswagen-Nutzfahrzeug-Stammsitz in Hannover. Vor dem Übergang hat es bei Volkswagen intern ein hartes Ringen um das Konzept gegeben. So ist Vorstandschef Carl Hahn ein bekennender Heckmotorfreund. Doch die Vorteile des Frontantriebs sind zu deutlich.

Beim neuen Konzept gibt es kurze Übertragungswege für Schaltung, Kühlung, Heizung, leichter Zugang bei Wartungsarbeiten am Motor, Verwendung von Pkw-Motoren, durchgehend ebene Ladefläche, einfache Radstandvariationen sind möglich, bessere Möglichkeiten für Sonderaufbauten und Vermarktung von Fahrgestellen, bessere Fahrleistungen, niedrigerer Verbrauch. Das alles ist nicht zu übersehen, und so fällt noch zu Zeiten von Gustav Mayer als Nutzfahrzeug-Entwicklungschef bereits 1984 die grundsätzliche Entscheidung

Der neue Transporter T4 ist ein großer Entwicklungsschritt. Er ist schmaler, flacher und länger als der Vorgänger

Modellvielfalt beim T4 beinhaltet auch Doppelkabine mit Pritsche

für den T4 mit Frontmotor und -antrieb. Der unter Karl Nachbar als Entwicklungschef finalisierte, neue Transporter kann praktisch alles besser als der Vorgänger. "Der Schritt vom T3 zum T4 ist fast so groß wie 16 Jahre zuvor der Sprung vom Käfer zum Golf", schrieb der bekannte Fachjournalist Randolf Unruh dazu. Erstmals sind zwei verschiedene Radstände erhältlich, die Ladefläche ist durchgehend plan, die Ladekantenhöhe liegt niedriger. So erfreuen sich T4-Transporter, Caravelle, Multivan und California bald großer Beliebtheit. 1992 wird der T4 zum „Van of the Year" gewählt.

Im Vergleich zum T3 ist der T4 ein klein wenig schmaler und flacher, aber knapp zehn Zentimeter länger. Zur Wahl steht die Normalversion mit 2920 mm Radstand und eine mit langem Radstand von 3320 Millimetern. Zwar schrumpft die Länge des Fahrgast-/Laderaums um 35 Zentimeter und die Ladefläche geht um zehn Prozent auf vier Quadratmeter zurück, doch das Ladevolumen sinkt nur um 0,3 auf 5,4 Kubikmeter. Bei langem Radstand beträgt das Volumen aber 6,3 Kubikmeter, und ab Ende 1991 werden Hochdachvarianten angeboten, in denen sich noch weitaus mehr verstauen lässt. Bei einem Leergewicht von gut 1500 Kilogramm darf fast eine Tonne zugeladen werden. Alle T4 bieten die Möglichkeit von zwei Tonnen gebremster Anhängelast. Überzeugend beim T4 ist neben dem guten Luftwiderstandsbeiwert von cw 0,36 (für die Version mit geschlossenem Aufbau und kurzem Radstand) außerdem der Komfort für die Passagiere. So gelingt der Einstieg hinter der Vorderachse viel einfacher als bisher. Gestühl mit längeren Sitzflächen und höheren Lehnen sorgen zusammen mit dem Cockpit in Pkw-Anmutung für entsprechendes Wohlfühlambiente.

Die kurze Motorhaube und die Frontscheibe weisen annähernd den gleichen Winkel auf. Die Scheiben sind eingeklebt und haben tragende Funktion. Die selbsttragende Stahlblech-Karosserie ist doppelwandig ausgeführt und größtenteils verklebt. Für den Antrieb greift Volkswagen auf angepasste Pkw-Motoren zurück. Neben einem Vierzylinder-Basisdiesel mit 61 PS ist

Der neue VW Bus hat nun Frontantrieb, hohe Sitzposition, PKW-ähnliche Fahreigenschaften, große Heckklappe und niedrige Ladekante

ein Fünfzylinder-Selbstzünder mit 78 PS Leistung erhältlich. Bei beiden Triebwerken wird der Kraftstoff über eine Verteiler-Einspritzpumpe in die Brennräume befördert. Neben Turbodiesel-Direkteinspritzer-Motoren arbeiten im T4 auch Wirbelkammerdiesel. Bei dem Modell stellt VW nicht auf SDI um, sondern lässt den Selbstzünder als Sauger (mit 60, 75, 78 PS) und Turbo (68 PS) bis zum Produktionsende im Programm. Der Kraftstoff gelangt hier über eine vorgelagerte Wirbelkammer in den eigentlichen Brennraum. Die Wirbelkammereinspritzung wird 1931 vom Briten Harry Ricardo entwickelt.

Alternativ stehen zwei mit Dreiwege-Katalysatoren versehene Benzinmotoren zur Auswahl. Der Vierzylinder-Einspritzer leistet 84 PS aus zwei Litern Hubraum. Der Fünfzylinder mit knapp 2,5 Litern Hubraum erreicht 110 PS. Somit sind Höchstgeschwindigkeiten zwischen 128 und 161 km/h erreichbar. Für Länder außerhalb Europas wird auch ein 1,8 Liter großer Benziner ohne Kat mit 67 PS angeboten. Alle Ausführungen sind serienmäßig mit einem Fünfgang-Schaltgetriebe gekoppelt. Gegen Aufpreis wird in der zweiten Jahreshälfte 1991 auch eine Vierstufen-Automatik lieferbar. Beim T4 darf die Vorderachse im Vergleich zum T3 im Prinzip unverändert bleiben: Es kommt eine Einzelradaufhängung mit Doppelquerlenkern zum Einsatz. Sie ist beim neuen Fahrzeug allerdings mit längsliegenden Drehstabfedern versehen. Hinten ist der T4 mit Einzelradaufhängung an Schräglenkern mit tonnenförmigen Miniblock-Schraubenfedern unterwegs.

Die Zahnstangenlenkung mit variabler Übersetzung hat in Verbindung mit Fünfzylindermotor und bei den Ausstattungsversionen Caravelle GL und California serienmäßig Servounterstützung. In Abhängigkeit vom Motor zeigen sich auch Unterschiede bei der serienmäßigen Bereifung und Bremsanlage. So sind die Vierzylinder auf Rädern mit 14 Zoll Durchmesser unterwegs und werden mit Scheibenbremsen vorne verzögert, während die Fünfzylinder auf 15 Zoll großem "Fuß" leben und über innenbelüftete Scheibenbremsen gestoppt werden.

Erst ab 1993 ist für den T4 der Allradantrieb „syncro“ erhältlich. Nach dem Produktionsende des entsprechenden T3 syncro ist der 4x4-Antrieb zwar nur in Verbindung mit Fünfzylindermotoren für den neuen Bus zu bekommen, jedoch für alle Aufbau- und Ausstattungsvarianten. Wahlweise sind dazu Differentialsperren gegen Aufpreis bestellbar. Die T4 syncros werden ausnahmslos in Hannover gefertigt. Sie verfügen über das gleiche Fahrwerk wie die frontgetriebenen T4 und sind nicht höhergelegt. Die Geländegängigkeit erreicht daher nicht das Niveau des Vorgängers mit Heckmotor. Syncro ist eine kostengünstige Lösung, mit Hilfe einer Visco-Kupplung (bei Steyr-Daimler-Puch entwickelt) und nicht zu hohem Aufwand, aus einem einachsigen Antrieb einen Allradantrieb zu erstellen.

Neben dem Transporter als Kastenwagen, Kombi mit bis zu neuen Sitzplätzen, als Pritsche auch mit Doppelkabine, der Großraumlimousine Caravelle und dem Reisemobil California ist der T4 als sechssitziges Familien- und Freizeitmobil Multivan im Angebot – ausschließlich mit kurzem Radstand. Die Unterschiede zum Grundmodell "Transporter" sind gering, aber entscheidend. Hier haben auch die Vierzylinderversionen serienmäßig eine Servolenkung und 15 Zoll große Räder. Innen gibt es eine Vollverkleidung mit Isolierung sowie einen kunststoffbeschichteten Holzboden im Fahrgastraum. Vorne ist Teppichboden verlegt. Die

Volkswagen T4 ab 1990

Motor
Flüssigkeitsgekühlte Vier- und Fünfzylinder-Reihenmotoren, ab 1996 auch: VR6, vorn quer vor der Vorderachse eingebaut, eine obenliegende Nockenwelle mit Zahnriemenantrieb, zwei Ventile pro Zylinder,: 1781 bis 2792 cm³ Hubraum, Bohrung x Hub 79,5 x 95,5 bis 81 x 95,5 mm, Verdichtung: k.A., 61 bis 204 PS, elektronische Einspritzung oder Verteiler-Einspritzpumpe, Kraftstoffbedarf Normal, Super, Diesel

Antrieb
Vorderradantrieb, ab 1993 auf Wunsch: Allrad, Fünfgang-Schaltgetriebe mit Mittelschaltung, für Fünfzylinder: auf Wunsch Vierstufen-Automatik

Fahrgestell
Selbsttragende Ganzstahlkarosserie mit zwei Türen, seitlicher Schiebetür und Heckklappe, Lenkung: Zahnstangenlenkung, Servounterstützung gegen Aufpreis (Serie bei Fünfzylinder), vorne Einzelradaufhängung, Doppelquerlenker, Drehstabfedern, hinten Einzelradaufhängung, Schräglenker, Schraubenfedern, Scheibenbremsen vorn und hinten

Abmessungen
Länge: 4655/ 5055/ 5107 mm, Breite: 1840 mm, Höhe: 1940 mm, Radstand: 2920/ 3320 mm, Spurweite vorn/hinten: 1575/ 1540 mm, Gewicht: 1520 - 1645 kg, Tankvolumen: 80 Liter

Fahrleistungen
Verbrauch: 7,5-13,0 Liter/100 km, Höchstgeschwindigkeit:128-181 km/h, Neupreis 1991: 36 566 DM, Stückzahlen (1990 – 2003): ca. 1,9 Millionen

Rücksitzbank mit Kopfstützen kann umgeklappt und als Bett genutzt werden. Die Einzelsitze vorne verfügen über Armlehnen. Der Beifahrersitz ist drehbar. Für ein wohnliches Ambiente gibt es einknöpfbare Vorhänge für alle Fenster, von denen eines als Schiebefenster ausgeführt ist. Der Einzelsitz in der zweiten Reihe, optional gibt es hier auch zwei Einzelsitze, ist bis Baujahr 1999 fest gegen die Fahrtrichtung installiert. Später sind diese Sitzgelegenheiten zwar drehbar, doch dafür entfällt die integrierte Kühlbox.

Eine auffällige Modellpflege erhält der T4 zum Jahresende 1995. Dabei bekommt auch der Multivan eine vorne um acht Zentimeter verlängerte Karosserie. Der Kühlergrill erhält das für die Zeit bei VW typische Happy Face-Aussehen. Weiße Blinkleuchten ergänzen die Änderungen. Neue, elastischere Stoßfänger mit hinten zwei Nebelleuchten sind weitere äußerliche Modifikationen. Technisch sind nun alle T4 mit Scheibenbremsen hinten ausgerüstet. Neue Schalter an der Armaturentafel, geänderte Zifferblätter, Sitzbezüge und Innenverkleidungen ergänzen die Maßnahmen. Mit dem auf 102 PS Leistung gedrosselten TDI-Fünfzylinder wird das Dieselangebot ausgebaut. Bei den Benzinern kann nun der VR6-Motor ausgewählt werden, der im T4 auf 140 PS gedrosselt ist. Diese Version rollt auf 16 Zoll-Rädern. Solche Räder hat auch der 1998 ins Programm genommene TDI mit 150 PS, der zusammen mit dem 88 PS TDI ins Programm kommt. Im Jahr 2000 ersetzt eine stets mit Automatikgetriebe kombinierte 204 PS starke Version den bis dahin angebotenen 140 PS-VR6. 2003 löst der T5 seinen Vorgänger ab.

Der T4 ist mit 2920 mm und 3320 mm Radstand erhältlich

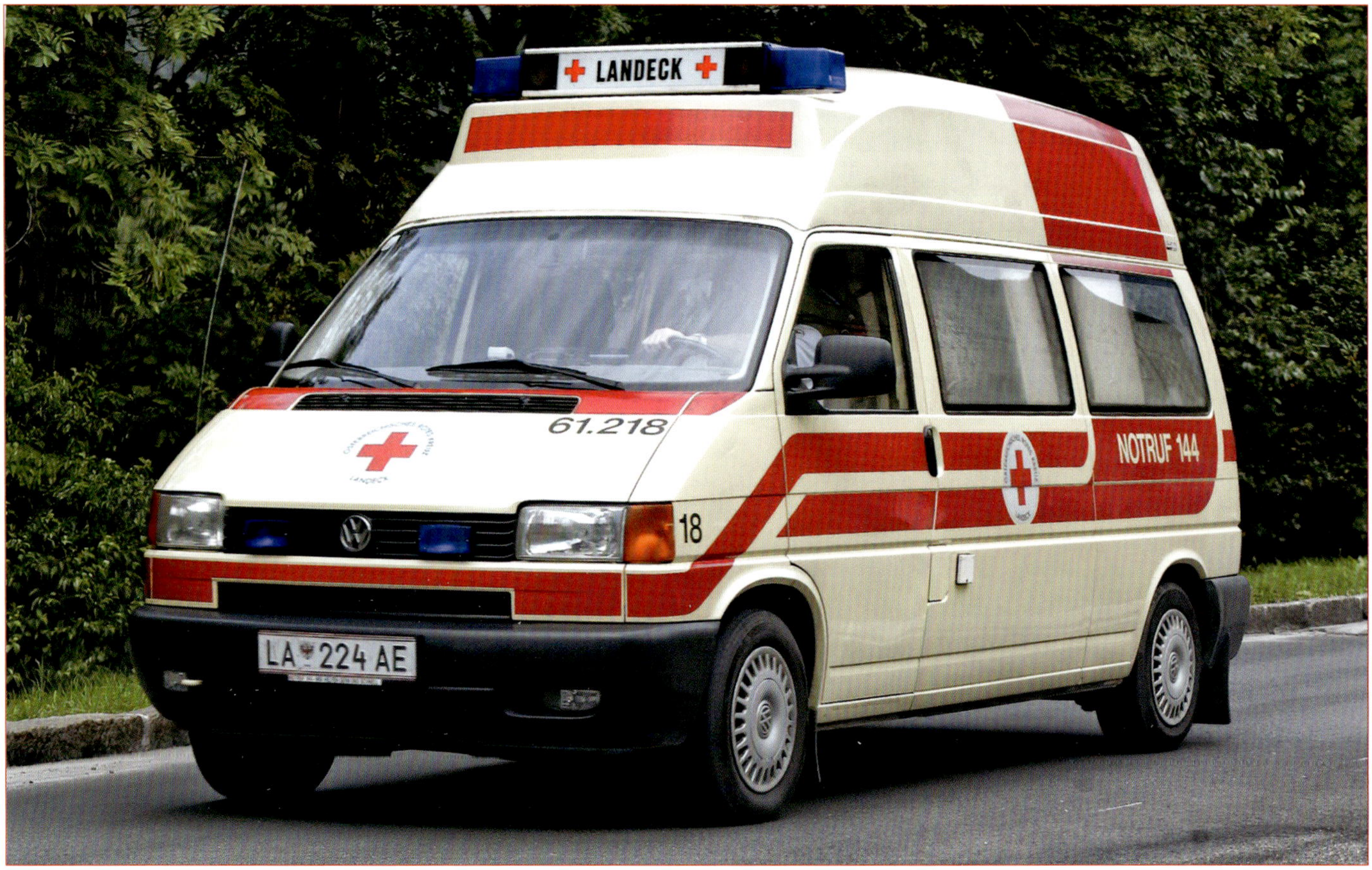

Die Hochdachvariante des T4 erweitert die Einsatzmöglichkeiten

Volkswagen Golf III Variant

1993–1999

Praktisch – aber nicht schön

Auf der Basis des Stufenheck-Golf, dem Vento, schließt Volkswagen eine Lücke im Modellprogramm. Kombis vieler Marken sind da bereits in der Mittelklasse unterwegs, als im September 1993 endlich der Golf Variant auf den Markt kommt: praktisch, robust und erfolgreich.

Lange vor dem Golf Variant erfolgreich sind Ford Escort Turnier oder Opel Kadett Caravan – nur zwei Beispiele für kompakte Kombinationskraftwagen, die im Markt beliebt sind. So bleibt es für viele Beobachter unverständlich, warum erst im Jahr 1993 der überaus erfolgreiche VW Golf der dritten Generation in einer solchen Karosserievariante vorgestellt wird. Schon 1991 zeigt Volkswagen den neuen Golf, die dritte Version des erfolgreichen Kompaktwagens. Im Folgejahr hat der Stufenheck-Ableger seinen ersten Auftritt, der Jetta-Nachfolger Vento. Ursprünglich wohl nicht geplant, aber schließlich doch realisiert, kommt im September 1993 der Golf Variant. Er ist eine wertvolle Ergänzung unterhalb des gut 23 Zentimeter längeren Passat Variant. So bringt der Golf Kombi alle guten Anlagen der Ausgangsbasis mit.

Am Radstand des Vento-Vorgängers wie auch des Schrägheck-Pendants ändert sich nichts, aber die Raumausnutzung und damit der Platz für Passagiere und Gepäck verbessern sich gegenüber der Golf-Generation bis 1991. Mit bündig verklebten Scheiben erreicht die dritte Generation einen zeitgemäßen guten Luftwiderstandsbeiwert. Das sorgt für maßvolle Verbrauchswerte bei Benzinern wie Dieseln. Zum Verkaufsstart stehen drei Benzinmotoren mit 60, 75 und 115 PS zur Wahl sowie zwei Diesel mit 64 und 75 PS. Knapp 25 000 Mark verlangt der Hersteller für das Einstiegsmodell. Doch das Angebot wird erweitert. So kommt 1994 der 90 PS starke 1.8er dazu, wahlweise auch mit Allradantrieb (Syncro), und der gleich starke TDI. Diese Versionen kosten 29 700 Mark und 31 800 Mark.

Besonders der TDI überzeugt, denn seine etwas mehr als 200 Newtonmeter maximales Drehoment schieben den Golf Variant auch in beladenem Zustand kräftig an bei gleichzeitig niedrigem Durchschnittsverbrauch. Als der Golf III im Herbst 1993 vorgestellt wird, stehen neben einem Direkteinspritzer zwei Dieselmotoren mit Wirbelkammereinspritzung zur Wahl. Ihre Leistung schöpfen sie aus 1,9 Litern Hubraum (64 und 75 PS). Das stärkere Triebwerk wird über einen Turbolader zwangsbeatmet und erreicht 150 Newtonmeter maximales Drehmoment bei 2400 bis 3400/min. Bei exakt gleicher Bohrung und Hub erreicht der dann als TDI bezeichnete Motor mit Turbo und Ladeluftkühlung 90 PS und 202 Nm bei nur 1900/min.

Drei Jahre nach dessen Einführung kann der TDI auch 110 PS leisten und 235 Nm Drehmoment entwickeln. Rudolf Diesel gelingt es damals nicht, eine geeignete Pumpe für eine Direkteinspritzung zu bauen. So setzen sich Vor- und Wirbelkammerverfahren zunächst durch. Anfang der 1940er-Jahre baut MAN erfolgreich einen Direkteinspritzer. Audi ist dann ab 1990 erster deutscher Anbieter des endlich PKW-tauglichen Prinzips.

Die Golf Limousine bekommt erst nach zwei Jahren einen Kombi-Kollegen

Der VW Golf der dritten Generation als sportlicher GTI ist noch nicht das Ende der Fahnenstange

Zweitürer mit praktischen Talenten

Golf im getarnten Polizeieinsatz

Die Zeiten des lendenlahmen Selbstzünders sind somit vorbei: Vorglühen beim Start erübrigt sich. TDI sorgt für flotte Fahrleistungen bei niedrigem Verbrauch. Ottomotoren mit Zentraleinspritzung können wie die im VW Golf Variant mit einem vollelektronischen Motormanagementsystem ausgerüstet sein. Die Mono Motronic von Bosch hat ein Einspritzventil für alle Zylinder, ist eine Weiterentwicklung der Mono-Jetronic und kommt dabei ohne Luftmassenmesser aus.

Ebenfalls 1994 gelangt auch der 190 PS starke VR6-Motor unter die Haube des Variant. Mit 46 650 Mark Listenpreis ist er knapp 2000 Mark teurer als die normale Schrägheckausführung des Golf mit dieser Motorisierung. Damit er seine Leistung perfekt in Vortrieb umsetzen kann, ist hier stets Allradantrieb verbaut, der ebenso obligatorisch mit einer Schräglenker-Hinterachse kombiniert ist. Als Syncro-Version ist auch der 2.0 Golf Variant mit 115 PS Leistung zu bekommen.

Im Herbst 1995 erscheint der Golf dezent modellgepflegt mit ganzflächig in Wagenfarbe lackierten Stoßfängern und abgerundeten seitlichen Blinkleuchten in den vorderen Kotflügeln. Seither zählen auch Airbags zum serienmäßigen Lieferumfang. Als weitere Antriebs-Option können die Kunden zu einem neu eingeführten Dieselmotor greifen, der auf das Kürzel SDI hört. Der Sauger mit Direkteinspritzung leistet wie die Wirbelkammer-Version überschaubare 64 PS, begnügt sich aber mit

0,7 L/100 km weniger Kraftstoff. Der Aufpreis beträgt anfangs nur 450 Euro. Bei einem Normverbrauch von 5,2 Litern schafft der Golf Variant 1.9 SDI somit über 1000 Kilometer mit einer Tankfüllung von 55 Litern.

Spätestens 1996 ist dann die Motorenauswahl vollständig. Der neue 1.6er Vollaluminium-Benzinmotor mit Schaltsaugrohr und 100 PS Leistung rückt ins Programm wie auch der 110 PS starke 1.9 TDI, dessen Turbolader mit variabler Schaufelgeometrie bei maßvollem Verbrauch für spritzige Fahrleistungen sorgt. Die bei den beiden TDIs angebotene Vierstufen-Automatik harmoniert mit den drehmomentstarken Maschinen hervorragend, doch die Option wählen nur vergleichsweise wenige Käufer. Bei den Benzinern steht für die Modelle mit 75, 90, 100 und 115 PS ebenfalls eine Vierstufen-Automatik zur Wahl. Bei allen anderen Versionen müssen die fünf Gänge von Hand geschaltet werden.

Ab September 1996 sind alle Ausführungen des Golf einschließlich des Variant noch sicherer, weil nun auch das Anti-Blockier-System (ABS) zum serienmäßigen Lieferumfang zählt. Besonders sicherheitsbewusste Kunden können ab dem Frühjahr 1997 ihren Golf mit Seitenairbags ausstatten lassen. Im Unterschied zur Golf Limousine, die als Version III bis zum Dezember 1997 gefertigt wird, läuft der Golf III als Variant noch weiter. Die Produktion zieht jedoch um nach Osnabrück zu Karmann, wo auch das Golf III Cabrio entsteht. Dort wird der Golf III Variant bis ins Frühjahr 1999 weiter gebaut, bis dann der neue Golf IV als Kombinationskraftwagen angeboten wird.

Zur Vermeidung einer unbefugten Inbetriebnahme von Fahrzeugen kann eine elektronische Wegfahrsperre wirkungsvoll sein. Bereits vor dem Termin am 1. Januar 1998, an dem alle neu zugelassenen Pkw damit ausgerüstet sein müssen, führt Volkswagen die Technik ein. Die Wegfahrsperre wird nach dem Abschalten der Zündung automatisch aktiviert. In der Folge setzen sich übrigens passive RFID-Transponder im Schlüssel gegen manuell einzugebende PIN-Codes durch.

Um den Verkauf des erfolgreichen Golf III im Laufe der gut sechsjährigen Bauzeit regelmäßig zu beleben, legt Volkswagen immer wieder Sondermodelle mit klangvollen Namen auf: Bon Jovi, Rolling Stones, Genesis, Pink Floyd, Joker, Europe und Family bieten teilweise erhebliche Preisvorteile. Die liegen beispielsweise beim Sondermodell Bon Jovi bei 4700 Mark für den Variant. Zu guter Letzt ist der Variant auch als Sondermodell „Yachting" zu bekommen mit einer hinteren Dachkantenverlängerung und speziellem Spoiler vorne. Jenseits der Sondermodelle bietet Volkswagen den Golf Variant in den bekannten Ausstattungsversionen an als CL, GL und GT. Daraus werden dann wenig später die Ausstattungslinien Trendline, Comfortline und Highline.

Golf Limousine und Golf Variant gleichen sich also weitgehend, auf jeden Fall bis zur Hinterkante der hinteren Türen. Bei der Gesamtlänge überragt der Kombi die Ausgangsbasis um 32 Zentimeter. Anstelle der breiten, charakteristischen C-Säule der Limousine hat der Variant hier nur eine schmale

Endlich als Kombi erhältlich, ist der Golf III ab 1993 im Wettbewerb mit Opel Kadett und Ford Escort

VW Golf III Variant ab 1993

Motor
Wassergekühlte Vierzylinder-Reihenmotoren/ Sechszylinder-V-Motor, vorn quer eingebaut, hängende Ventile, eine obenliegende, zahnriemengetriebene (VR6: kettengetriebene) Nockenwelle, zwei Ventile pro Zylinder, 1391 bis 2861 cm³ Hubraum, Bohrung x Hub: 75 x 78,7mm bis 82,5 x 92,8 mm, Verdichtung 9,2 bis 22,5:1, 60 PS bei 5200 /min bis 190 PS bei 5800 /min, elektronische Zentraleinspritzung (Bosch Monomotronic, Digifant, Simos, Bosch Motronic 2.7), Verteilereinspritzpumpe (Bosch, Bosch EDC), Kraftstoffbedarf: Superbenzin, Diesel

Antrieb
Vorderradantrieb, permanenter Allradantrieb mit Zentraldifferential und Viscokupplung, vollsynchronisiertes Fünfganggetriebe mit Mittelschaltung, auf Wunsch: Vierstufen-Automatik

Fahrgestell
Selbsttragende Ganzstahlkarosserie, Zahnstangenlenkung mit Servounterstützung, vorne McPherson-Federbeine, Schraubenfedern, Dreieck-Querlenker, Teleskopstoßdämpfer, hinten Schräglenkerachse, Schraubenfedern, Längslenker, Drehstab-Stabilisator, Teleskopstoßdämpfer, hydraulisch betätigte Scheibenbremsen vorne, Trommelbremsen hinten, je nach Motorisierung hinten Scheibenbremsen, ABS auf Wunsch (Serie ab 1996)

Abmessungen
Länge: 4340 mm, Breite: 1695 mm, Höhe: 1430 mm, Radstand: 2475 mm, Spurweite vorn/hinten: 1480/1465 mm, Gewicht: 1085 - 1380 kg, Tankvolumen: 55 Liter

Fahrleistungen
Verbrauch: 4,9 bis 10,6 l/100 km (mit Automatik höher), Höchstgeschwindigkeit: 154 - 222 km/h, Neupreis 1993 (Variant 1.4): 24 960 DM, Stückzahlen (1993 – 1999): 4 805 900 (alle Golf III)

Metallstrebe und dahinter ein großzügig verglastes Ladeabteil. Statt 330 Liter Gepäckraumvolumen bietet der Variant Platz für 465 Liter. Bei umgelegten Rücksitzlehnen wächst der Vorteil nochmals: 1425 Liter statt 1160 Liter betragen die Normmaße im Vergleich. Der relativ steile Abschluss des Wagens lässt kaum Gedanken an Lifestyle aufkommen, und so überzeugt der Golf Variant vor allem mit seinen praktischen Talenten: Die Ladekante liegt niedrig auf dem Niveau des Stoßfängers, ein deutlich ausgeformter Griff erleichtert das Öffnen, der Scheibenwischer sichert guten Rückblick.

Zusätzliches Potenzial hinsichtlich der Transportmöglichkeiten bietet die serienmäßige Dachreling, die ein Grund dafür ist, dass der Variant die Limousine in der Höhe um fünf Millimeter überragt. Im Vergleich zu späteren Golf-Generationen ist der Golf III noch ein relativ leichtes Auto. Der Variant bringt zwar rund 100 Kilogramm mehr auf die Waage als die Limousine, doch es geht beim ladefreudlicheren Exemplar schon bei etwa 1085 Kilogramm los und erreicht auch als Variant mit potentem VR6-Motor samt Allradantrieb kaum die 1400 Kilogramm. Bis zu 500 Kilogramm Zuladung kennzeichnen den Variant nicht als extremen Lastentransporter, machen ihn aber zum vielseitigen Personen- und Warentransporter für alle möglichen Gelegenheiten.

Dabei ist der Golf immer ein Golf, auch als Variant. Das heißt, dass er sich ohne langwieriges Studium der Betriebsanleitung mit großer Selbstverständlichkeit quasi blind bedienen lässt. Die wesentlichen Instrumente hat der Fahrer stets gut im Blick und die funktionalen Bedienelemente werfen keinerlei Fragen auf. Ebensolches gilt für die Fahreigenschaften. Ob als Fronttriebler oder als Allradler ausgeliefert, gewährleistet das Fahrwerk stets souveräne Beherrschbarkeit bis in den Grenzbereich. Technik und Motoren haben Langzeitqualitäten. Das Konzept des kompakten Kombis erweitert Volkswagen dann bei der Nachfolgegeneration: Neben den Golf Variant stellt das Unternehmen noch den daraus abgeleiteten Bora als Kombi ins Angebot. Der perfekte Rostschutz bei diesen Modellen wird hier dann endlich durch vollverzinkte Karosserien erreicht.

Der Golf Variant zeigt nicht die breite C-Säule und wirkt daher übersichtlich

Der Golf Variant ist ein geräumiger, zuverlässiger Reisebegleiter

Volkswagen Karmann/Gute Fahrt-Buggy 1971

Freizeitvergnügen

Der erste Buggy in Deutschland ist die Entwicklung von Mitarbeitern der Zeitschrift Gute Fahrt. Bei dem auf Volkswagen-Produkte spezialisierten Blatt werden vier Monate Entwicklungsarbeit investiert, und nach Erhalt der Betriebserlaubnis kommt Karmann als Hersteller zum Zuge.

Anfang der 1960er-Jahre entstehen in den USA die ersten Strandfahrzeuge, offene Freizeitautos für den Einsatz abseits der befestigten Straßen. Als Erfinder der auch als Hippie-Autos bekannten Buggies gilt der Kalifornier Bruce Meyers. Er entwickelt eine Kunststoff-Karosserie, die sich auf ein VW Käfer-Fahrgestell montieren lässt. Die markante Form des Meyers-Manx Buggy wird von nachfolgenden Entwicklungen aufgenommen. Schon Ende der 1960er-Jahre schwappt der Trend nach Europa. Der Käfer ist für den Umbau zum Buggy besonders gut geeignet: Nach Entfernen der ursprünglichen Karosserie können Aufbauten aller Art montiert werden. Zudem gibt es günstige Käfer als Gebrauchtwagen, und eine gute Geländeeignung hat der Käfer von jeher. Die tragenden Teile bei Käfer und Buggy werden als Fahrgestell, Rahmen, Chassis oder Untergestell bezeichnet. Unabhängig vom Namen sollen die tragenden Teile den Antrieb aufnehmen und die Karosserie tragen. Eine Karosserie wird bei dieser Bauform nicht zwingend zum Fahren benötigt.

Der Käfer als Basis eignete sich bestens für Umbauten

Klimatisch sind Kalifornien und Florida in den Vereinigten Staaten von Amerika im Vergleich zu Deutschland erheblich begünstigt. In den sonnenreichen US-Staaten hat sich in den 1960er-Jahren ein Trend zu Freizeit-Spaßfahrzeugen entwickelt. Dabei spielt der robust aufgebaute Käfer als technische Basis eine wichtige Rolle. So ist es doch recht einfach, die auf den Plattformrahmen des Fahrzeugs verschraubte Karosserie gegen einen anderen Aufbau auszutauschen. Das Interesse der Redakteure beim Fachmagazin Gute Fahrt aus dem Delius Klasing-Verlag ist jedenfalls schnell geweckt. Volkswagen holt einen der Buggies aus Kalifornien nach Deutschland: Das Freizeit-Fahrzeug mit völlig offener Kunststoffkarosserie kommt ohne Türen aus. Bei genauerer Betrachtung aber erweist sich diese Version in Deutschland aufgrund verschiedener Bestimmungen als nicht zulassungsfähig. Das weckt den Ehrgeiz beim Journalisten Hermann Rest, dem Ingenieur Rüdiger Etzold und dem Kraftfahrzeugmeister Erich Focke.

Die Drei machen sich ans Werk, den Prototyp für einen ersten deutschen Buggy zu entwickeln. In nur vier Monaten haben sie bereits die wichtigsten

Aufgaben erledigt und können im Mai 1969 den ersten fahrfertigen Prototyp bewegen. Über 25 000 Kilometer legen sie bei Tests und Versuchen zurück. Schließlich stellen sie ihre Entwicklung beim TÜV Rheinland in Köln vor. Diese Institution ist damals zuständig für Importautos und untersucht das Mobil nach einschlägigen Kriterien auf Gesetzeskonformität und Sicherheit. Mit einem Mustergutachten wird dem GF-Buggy schließlich die gewünschte Betriebserlaubnis erteilt. Das ist bis dahin einmalig, obwohl bereits vorher verschiedene Buggy-Kreationen über Einzelabnahmen zum Verkehr zugelassen wurden. Mit dem Mustergutachten in der Hand erhoffen sich die Gute Fahrt-Mitarbeiter jedenfalls gute Absatzchancen und einen entsprechenden Zusatzverdienst. Um das Fahrzeug in Serie herstellen zu können, suchen sie den Kontakt zu erfahrenen Zulieferern der Branche.

Schließlich kümmert sich Karmann um die Herstellung des einfachen Verdecks. Mit der Produktion der dreiteiligen Kunststoff-Karosserie wird die Firma Silo-Technik beauftragt. Bosch kann die freistehenden Rundscheinwerfer beisteuern. Branchengröße Eberspächer liefert die benötigte Schalldämpfung und Auspuffanlage, Spezialist Happich fertigt einen passenden Scheibenrahmen, in den das Sicherheitsglas von Sekurit eingepasst wird. Einen nicht unerheblichen Teil der viermonatigen Entwicklungszeit beansprucht allein die Abstimmung der Auspuffanlage, die anfangs ein halbes Dezibel zu laut tönt. Mit sorgfältiger Detailarbeit wird das Problem aus der Welt geschafft. Schließlich ist das Mustergutachten er-

Heckansicht des GF-Buggy mit leichtem Verdeck und Kunststoffkarosserie

Schlicht ausgestattets Cockpit

Türen und Stoßstangen sind nicht zwingend nötig

GF Buggy mit schlichter Front und planer Scheibe

Karmann macht das Verdeck

Karmann baut den GF Buggy

folgreich ausgehändigt und die Zeitschriften-Mitarbeiter beginnen, ihre Entwicklung zu vermarkten. Das gelingt natürlich ganz gut, denn über Veröffentlichungen in der Zeitschrift erreicht die Werbetrommel viele potenzielle Interessenten. Schon nach relativ kurzer Zeit liegen 600 Bestellungen vor. Die Entwickler sind von diesem Erfolg gleichermaßen überrascht wie überfordert.

Doch es ist dann aufgrund der bestehenden Kontakte recht schnell eine Lösung gefunden. So wird der Kontakt zum Verdeck-Lieferanten Karmann ausgebaut, und die Firma erklärt sich bereit, das Fahrzeug zu fertigen. Im September 1969 wird der GF-Buggy dann auf der Internationalen Automobil-Ausstellung in Frankfurt der Öffentlichkeit präsentiert. Insgesamt drei Fahrzeuge sind zu diesem Zeitpunkt bereits kom-

Fahrwerkselemente des Freizeitfahrzeugs stammen aus dem Volkswagen Käfer

plettiert. Komplett heißt dabei, dass es keine Heizung gibt, denn die pfiffigen Entwickler waren auf die Vorschrift gestoßen, dass alle geschlossenen Fahrzeuge eine Heizung haben müssen, woraus sie im Umkehrschluss darauf bestanden, dass offene Autos auch ohne Heizung zulassungsfähig sein müssen. Die Prüforganisation legt dagegen keinen Widerspruch ein. Auch auf einen Überrollbügel wird verzichtet, Seitenscheiben sind Fehlanzeige. Die plane Frontscheibe muss reichen für das Freizeitvergnügen. Vor das Vergnügen stellen die Entwickler jedoch den Kaufpreis. Zunächst ist der GF-Buggy nur als Bausatz erhältlich und kostet rund 3000 Mark. Darin ist der 1500er-Motor mit 44 PS enthalten. Bis Mai 1971 sind rund 1200 Bausätze des GF-Buggies hergestellt. Dann bietet Karmann das Fahrzeug auch als komplettierten Wagen an und verlangt dafür den recht stolzen Preis von 8800 Mark. Aber der parallel angebotene, amerikanische Imp Dune Buggy ist mit 9100 Mark noch teurer.

Der GF Buggy ist als Bausatz und Komplettfahrzeug zu bekommen

Zum Vergleich: Das Käfer Cabriolet kostet im August 1970 gerade einmal 7490 Mark und das Karmann-Ghia Cabriolet ist für 8790 Mark zu haben. So überrascht es nicht, dass die meisten Kunden das Spaßfahrzeug eben nicht als kompletten Wagen ordern, sondern als Bausatz. Den Zusammenbau übernehmen in den meisten Fällen dann VW-Händler. In Eigenregie kann es

Links im Bild neben den GF Buggy stellt Volkswagen viele Jahre später eine moderne Interpretation des Themas

etwas länger dauern, bis ein fahrfertiges Resultat entstanden ist – die letzten Neuzulassungen des GF-Buggy sollen etwa 1980 erfolgt sein.

Wenn es um den Spaß gehen soll, reicht oft ganz wenig: So gibt es für die Buggies praktisch keine Extras ab Werk. Beim Karmann-GF reicht ein simpler Tacho aus dem Käfer als Instrumentierung. Wer mehr haben will, muss sich im allgemeinen Autozubehörhandel bedienen. Aber wegen fehlender Sicherungsmöglichkeiten der vorbehaltlos offenen Fahrzeuge wird auf teure Extras in der Regel verzichtet.

Der Motor mit 1,5 Litern Hubraum ist bis 1972 die Standardmotorisierung, ab 1973 wird der 1300er mit 44 PS verwendet. Der Karmann GF der Jahrgänge 1971 und 1972 hat 1,5 Liter Hubraum und rund 100 Nm maximales Drehmoment. 1973 und 1974 wird der 1,3 Liter große Boxermotor mit 88 Nm verbaut. Bei 44 PS ändert sich an den Fahrleistungen praktisch nichts. Einsetzbar und von der Prüforganisation zugelassen sind im GF-Buggy aber alle im VW Käfer verwendeten Motoren, unabhängig, ob sie 1200 cm^3 oder 1600 cm^3 Hubraum aufweisen.

Entsprechendes gilt für den AHS (Autohaus Südhannover in Göttingen) Imp Dune Buggy, der wohl rund 600 Mal ausgeliefert wird. Bemerkenswerterweise übernimmt Karmann die Herstellung und den Vertrieb des Imp parallel zum GF-Buggy. Imp und GF-Buggy sind die beiden wichtigsten Protagonisten dieser Kategorie. Weitere Anbieter sind Saier, Albar und Apal. Auch Bruvo aus den Niederlanden, Ledl Europa aus Österreich, EMPI und HAZ beziehungsweise Hazard haben Buggies hergestellt. Die schwäbische Firma Saier fertigt Bausätze eines Buggies auf Käfer-Chassis, bei dem aber als Motor ein 75 PS-Triebwerk aus dem Golf zum Einsatz kommt. Formal ähnelt der Saier dem GF-Buggy. Der Bausatz ist für 4800 Mark zu bekommen, das Komplettfahrzeug für 17 000 Mark.

Für den Albar von Alois Barmettler aus Buochs/Schweiz wird ein Zweiliter-Motor empfohlen, der von Volkswagen oder Porsche kommen darf. Einsetzbar sind hier aber auch Maschinen mit 1300, 1500, 1600 und 1800 cm^3. Der Umbausatz des im März 1978 vorgestellten Albar kostet 5500 Schweizer Franken. Für die GFK-Karosserie gibt es auch ein Hardtop mit Flügeltüren und für den Sommerbetrieb ein Verdeck. Neben dem serienmäßigen Überrollbügel sind optional extrem fette Reifen verwendbar, was das Fahrzeug zusammen mit der möglichen Spurverbreiterung um bis zu 19 Zentimeter extrem bullig auftreten lässt.

Dagegen lässt sich im belgischen Apal nicht mehr als der 1600er-Motor mit 50 PS realisieren. Den Apal Buggy gibt es als Modell „L" auf ungekürztem Käfer-Chassis für fünf Personen und Gepäck. Das Modell "C" dagegen ist ein 2+2-Sitzer. Beide sind jedoch mit einer Heizung ausgerüstet. Sie kosten als Bausatz 3600 bis 3700 Mark, für die Fertigfahrzeuge werden zwischen 9000 und 13 000 Mark fällig. In jedem Fall können die Fahrgestelle des Käfer 1302 und 1303 nicht eingesetzt werden, weil es für die Federbein-Vorderachse hier nicht genügend Bauraum gibt.

Eine Handvoll Buggy-Ausführungen anderer Firmen brachte es nur auf unbedeutende Stückzahlen in Deutschland, fasste Buchautor Werner Oswald die Bemühungen der Buggy-Anbieter jenseits des Karmann GF zusammen. Die Blütezeit der deutschen Buggy-Szene dauert kaum zehn Jahre, dann machen strengere Zulassungs- und Sicherheitsvorschriften dem Spaß ab Anfang der 1980er-Jahre ein Ende.

VW-Buggy Karmann GF

Motor
Luftgekühlter Vierzylinder-Boxermotor, längs hinter der Hinterachse eingebaut, Getriebe vor der Hinterachse, 1493 cm^3 Hubraum, Bohrung x Hub: 83 x 69 mm, Verdichtung 7,7:1, 44 PS bei 4000/min, Kraftstoffbedarf Normalbenzin, Fallstromvergaser Solex 30 PICT-2 mit Startautomatik

Antrieb
Hinterradantrieb, synchronisiertes Vierganggetriebe mit Mittelschaltung

Fahrgestell
Zentralrohr-Plattformrahmen mit glasfaserverstärkter Polyester-Karosserie, PVC Klappverdeck, Schneckenlenkung, vorne Kurbellenker oben und unten, zwei Federstäbe quer, Stabilisator, hinten Pendelachse, Längslenker, Federstäbe quer, Ausgleichfeder, hydraulische Zweikreisbremse, Scheiben vorn, Trommelbremsen hinten

Abmessungen
Länge: 3310 mm, Breite: 1685 mm, Höhe: 1415 mm, Radstand: 2127 mm, Spurweite vorn/hinten: 1308/1349 mm, Gewicht: 640 kg, Tankvolumen: 40 Liter

Fahrleistungen
Verbrauch: 11 Liter/100 km, Höchstgeschwindigkeit: 125 km/h, Neupreis 1971: 3000 DM (Bausatz), 8800 DM (Komplettfahrzeug), Stückzahlen (1971 - 77): ca. 1200

Der Fahrtwind dürfte die Frisuren zerzaust haben

Das Projekt GF Buggy wurde in der Region Stuttgart ausgebrütet

Volkswagen Brasilia

1973–1982

Exot mit Hinguckfaktor

Der im Juni 1973 vorgestellte Volkswagen Brasilia erinnert optisch an den VW 411/412, unterscheidet sich aber beim Aufbau grundsätzlich von diesem Modell. So wirkt er wie ein Großer und ist mit seinen gut vier Metern Gesamtlänge doch kompakt.

Die unternehmensintern gegebenen Spielräume nutzt die brasilianische Tochtergesellschaft der Volkswagenwerke immer wieder. Das Modellangebot in Südamerika unterscheidet sich von dem europäischen teilweise erheblich. Das ist angesichts unterschiedlicher Erwartungen und Anforderungen im Markt nicht nur angemessen, sondern wirklich notwendig. Dabei geht es nicht allein um den optischen Auftritt, sondern bisweilen sogar um den technischen Aufbau. Zwar spielt auch in Brasilien der legendäre Millionenseller "Käfer" wie der Bus eine tragende Rolle, doch unter anderem mit den Modellen Karmann-Ghia TC und dem Volkswagen SP-2 werden ganz eigene Akzente gesetzt. Mitte der 1970er-Jahre wird etwa der in Lizenz gebaute Käfer als 1300 mit 38 PS, der 1500 mit 42 PS und der 1600 S mit rund 60 PS angeboten.

Volkswagen ist einer der Autopioniere in Brasilien. Der damalige Generaldirektor Heinrich Nordhoff hat bereits 1950 die Idee, die Unternehmensaktivitäten auf andere Länder auszudehnen. So kommt es 1953 zur Gründung von Volkswagen do Brasil Indústria de Veiculos Automotores Ltda. Die Tochter entwickelt und konstruiert im Laufe der Zeit eigene Modelle und Varianten für südamerikanische, lateinamerikanische und afrikanische Märkte. Andererseits wird das Modell Fox für alle Märkte weltweit hergestellt. 1953 beginnt die Montage von Käfer und Bus in Sao Paulo. 1956 wird der Grundstein für das eigene Werk Anchieta Sao Bernardo do Campo gelegt. Neben einem Entwicklungszentrum werden hier Karosserieteile gestanzt, Karosserien montiert und lackiert, es gibt Endmontage, Motoren- und Getriebebau und rund 16 000 Beschäftigte. 1976 öffnet das Werk Taubaté im Bundesstaat Sao Paulo, das heute eine Kapazität von täglich rund 1000 Fahrzeugen hat. Ebenfalls im Staat Sao Paulo liegt die 1996 eröffnete Fabrik Sao Carlos. Sie dient überwiegend der Motorenfertigung und erhält 1997 ein Umweltzertifikat nach ISO 14007. In dem gemeinsam mit Audi betriebenen Werk Sao José dos Pinhais entstehen mit rund 3600 Mitarbeitern täglich über 800 Autos.

Bereits seit 1968 gibt es neben dem legendären Millionenseller auch einen Volkswagen 1600 mit viertüriger Stufenheck-Karosserie, der 1969 um den Kombi "Station Wagon Variant" ergänzt wird. 1970 gesellt sich außerdem die TL-Version mit Fließheck dazu. An der Front leuchten die elegant eingefassten Doppelscheinwerfer, die auch am SP-2 und beim 412 zum Einsatz kommen. Der 1600 hat den gleichen Radstand wie der Käfer und der SP 2: exakt 2400 Millimeter. Auf der gleichen Basis

Andere Märkte, andere Modelle: Bei VW do Brasil wird der Brasilia entwickelt

Der Brasilia weist eine eigenständige Formensprache auf

Kurzer Radstand, zwei Türen und kurze Überhänge

Die Front des Brasilia sieht nach VW 412 aus

ergänzt Volkswagen do Brasil dann ab Juni 1973 das Modellangebot durch den Volkswagen Brasilia. Auch er kommt mit einem Radstand von 2400 Millimetern daher und mausert sich im Laufe seiner anhaltenden Karriere zu einem der bekanntesten Modelle von Volkswagen do Brasil. Im Vergleich zum 1600 scheint sich am Vorderwagen nichts geändert zu haben, doch das Heck fällt kürzer aus. Durch den gekappten hinteren Überhang erreicht der Brasilia nur eine Gesamtlänge von wenig mehr als vier Metern, mithin weist er rund 25 Zentimeter weniger Außenlänge als der in Deutschland bekannte 1600 auf. Aber er misst exakt zweieinhalb Zentimeter mehr in der Breite.

Zusammen mit dem fast wie ein Schrägheck aussehenden, nicht sehr steilen hinteren Karosserieabschluss des Kombis wirken die Proportionen insgesamt recht gelungen. Zwischen 1973 und März 1982 sollen daher bemerkenswerte rund eine Million dieser Fahrzeuge abgesetzt worden sein. Dabei sind sie nicht nur in Brasilien, sondern auch in Mexiko gefertigt worden. Außerdem wird der Wagen unter der Bezeichnung "Igala" ab März 1976 im afrikanischen Nigeria montiert. Neben der zweitürigen Ausführung wird übrigens daneben eine viertürige Version angeboten, wie ja auch der VW 1600 mit gleichem Radstand wahlweise zwei

In Europa ein Exot, aber rund eine Million mal gebaut

Das Gepäckabteil ist natürlich unter der Fronthaube

oder vier Türen aufweisen kann. Die Heckklappe reicht aber nicht, wie bei modernen Kompaktwagen oder Kombis, bis zur Stoßstange herunter, denn im Heck ist ja noch der Motor untergebracht. Und anders als in Europa kommt hier ab 1973 und in den Folgejahren nicht der sogenannte Flachmotor zum Einsatz, sondern der samt ausladendem Gebläsekasten hoch bauende Boxermotor mit 1,6 Litern Hubraum.

Schließlich findet sich der wesentliche Teil des Gepäckraums unter der vorderen Haube, selbst wenn der Zugang zum Heckabteil in der Praxis günstig ist. 1975 ist der Brasilia zwar mit dem gleichen Motor wie der 1600 ausgerüstet, doch statt der dort verwendeten zwei Fallstromvergaser hat der Brasilia nur einen Fallstromvergaser mit etwas kleinerem Durchmesser (30er statt 32er). So erklärt sich die geringfügige Minderleistung (50 anstelle von 54 PS) bei gleichem Drehmoment, wobei das

Modellschriftzug am Heck

höchste Drehmoment beim Brasilia schon bei 2200/min anliegt statt erst bei 2600/min. Mit einer benötigten Klopffestigkeit des Kraftstoffs von nur 70 ROZ (Research-Oktanzahl) darf der Brasilia-Motor als denkbar anspruchslos gelten. Zum Vergleich: Die deutsche Version der 34 PS-Käfer jener Jahre verlangt nach 87 ROZ.

A propos Käfer: Die optische Ähnlichkeit des Brasilia mit dem Typ 4 sollte nicht darüber hinwegtäuschen, dass er mit Blick auf die Bodengruppe anders aufgebaut ist. Statt einer selbsttragenden Karosserie wie der 411 hat der Brasilia einen vom Käferfahrgestell abgeleiteten Zentralrohr-Plattformrahmen, der im Detail nahe an die Version für den Typ 181 (Kurierwagen) angelehnt ist. So ist der Zentralrohrrahmen hinten gegabelt und als Plattform für den Aufbauboden gestaltet. Die Spurweite vorne und hinten stimmt nahezu mit der des brasilianischen Käfer 1600 S überein und ist nur jeweils einen halben Zentimeter schmaler.

Ebenso wenig gibt es wesentliche Unterschiede bei den Radaufhängungen: Der Brasilia hat sie noch, die Pendelachse hinten. Die Form der Einzelradaufhängung mit Längslenkern und querliegenden Drehstabfedern ist zwar millionenfach bewährt, aber die modernere Doppelgelenkachse (wie beim Käfer 1302) sorgt für bessere Kurvensicherheit. Von Ferdinand Porsche ist die Kurbellenkerachse für den Käfer entwickelt worden. Diese Form der Einzelradaufhängung setzt auf Traghebel (die

Kurbellenker) und Längslenker, mit denen die Räder geführt werden. Spurweite, Sturz und Nachlauf des Rades ändern sich beim Einfedern nicht. Zum Unterschied gibt es vorne und hinten je einen Kurvenstabilisator. Exakt Käfer-Niveau hat dagegen die Bremsanlage mit Trommelbremsen rundum, wobei es auf Wunsch auch Scheibenbremsen vorne gibt. Mit 46 Litern Volumen fasst der Tank fünf Liter mehr als beim Käfer. Die Bereifung im Diagonal-Format 5.90 – 14 ist auf Felgen der Größe 5J gezogen. Mit einem Leergewicht von 890 Kilogramm für den Zweitürer ist der Brasilia kein leichtes Auto.

Es dürfen maximal 420 Kilogramm zugeladen werden. Dem entsprechend sind mit den 50 PS Motorleistung keine rasanten Dynamikwerte zu erwarten: Die erreichbare Höchstgeschwindigkeit beträgt 130 km/h. Zu der Zeit und auf brasilianischen, vielleicht afrikanischen oder mexikanischen Straßen sollte das aber in der Regel ausreichend sein. Findige Schrauber dürften jedoch kein Problem haben, den stärkeren Antrieb aus dem Käfer 1600 S einzubauen oder andere Tuningmaßnahmen zu ergreifen und damit auf bessere Fahrleistungen zu kommen.

Andere Motoren sind später ab Werk für den Brasilia ebenfalls zu bekommen. So bietet das Unternehmen 1982 den Brasilia ab Werk mit 48 PS an, verbaut auf Wunsch aber außerdem den Motor mit zwei Vergasern und 54 PS Leistung. Zusätzlich gibt es einen 1300er mit nur 42 PS, der für Äthylalkoholbetrieb ausgelegt ist. Unabhängig davon wird der durchschnittliche Verbrauch auf 100 km mit dem DIN-Wert von 9,1 Litern beziffert. Im Laufe der doch recht vielen Baujahre bleibt der Brasilia nicht ganz von Modellpflegemaßnahmen "verschont": So ändert sich das Aussehen der Rückleuchten (geriffelt gegen Verschmutzung statt glatt und abgedunkelte Blinkergläser statt orangefarbene). Die Stoßstangen erhalten seitliche Kunststoffecken. Auch im Innenraum zeigen sich Änderungen. Es werden unter anderem die vorderen Einzelsitze zu einem nicht ge-

Lüftungsschlitze im hinteren Kotflügel

Tankklappe

Platz für kleines Gepäck

Funktionales Interieur

Ausreichend Informationen

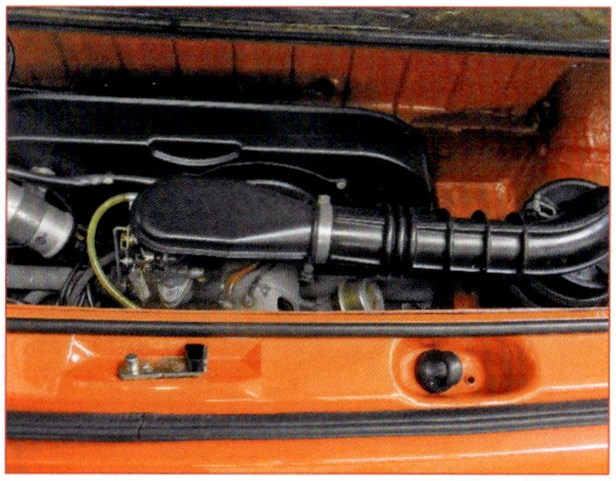

Anspruchsloses Triebwerk

Nur wenige Exemplare des Brasilia fanden den Weg nach Europa

Der Brasilia wirkt stimmig und war im Markt erfolgreicher als erwartet

nauer bekannten Datum mit Kopfstützen bestückt.

Obwohl der moderne, frontgetriebene Passat schon 1974 auch in Brasilien ankommt und Volkswagen mit diesem Fahrzeug dem eigenen Heckmotor-Fahrzeugangebot schnell erhebliche Konkurrenz macht, hat sich der Brasilia neben dem Käfer lange im Programm gehalten. 1982 endet schließlich die Produktion des kompakten Fahrzeugs, das es in kleiner Stückzahl sogar nach Europa schafft. Einzelne Exemplare des Modells sollen in Portugal und auf den kanarischen Inseln unterwegs sein.

VW Brasilia

Motor
Luftgekühlter Vierzylinder-Boxermotor, hinten längs eingebaut, 1584 cm³ Hubraum, Bohrung x Hub: 85,5 x 69 mm, Verdichtung 7,2:1, 50 PS bei 4200 /min, Fallstromvergaser Solex H 30 PIC, Kraftstoffbedarf Normalbenzin. Gemischaufbereitung

Antrieb
Hinterradantrieb, Vierganggetriebe mit Mittelschaltung

Aufbau
Ganzstahlkarosserie, zwei- und viertürige Kombi-Limousine, Zentralrohrrahmen, Lenkung mit Schnecke und Rolle, vorne Doppelkurbellenker mit querliegenden Drehstabfedern, Kurvenstabilisator, Teleskopdämpfer, hinten Einzelradaufhängung mit Pendelachse, Längslenkern und querliegenden Drehstabfedern, Ausgleichsfeder diagonal über der Hinterachse, Kurvenstabilisator, Teleskopdämpfer, Trommelbremsen rundum, auf Wunsch Scheibenbremsen vorne

Abmessungen
Länge: 4015 mm, Breite: 1605 mm, Höhe: 1430 mm, Radstand: 2400 mm, Spurweite vorn/hinten: 1320/ 1360 mm, Gewicht: 890 kg, Tankvolumen: 46 Liter (davon Reserve: 5 Liter)

Fahrleistungen
Verbrauch: 9,1 Liter/100 km, Höchstgeschwindigkeit: 130 km/h, Neupreis 1975: k.A., Stückzahlen (1973 - 1982): ca. 1 Million

VW Iltis Paris Dakar

1981

Die Legende lebt

Aufmerksame Besucher des VW Museums in Wolfsburg haben dort den Siegerwagen der Rallye Paris Dakar von 1981 entdeckt und trauten jetzt ihren Augen nicht, als bei der Continental Baja Deutschland dieses Auto mitfuhr. Der authentische Nachbau wurde von Jörg Sand mit der Unterstützung von Volkswagen und der Pressestelle Uniroyal auf die Räder gestellt und mit dem Uniroyal Rallye 4x4 Street bereift, der in diesem Frühjahr neu ins Markenprogramm kam.

Der Volkswagen Iltis war vor über 40 Jahren erfolgreich auf anspruchsvollstem Terrain unterwegs

Ein authentischer Nachbau des Rallyesiegers ist gelegentlich in Aktion zu erleben

Vorbild für den VW Iltis ist der Munga genannte Mehrzweck Universal-Geländewagen mit Allradantrieb von DKW. Dessen bewährte Konzeption wird von Volkswagen im Auftrag der Bundeswehr weiterentwickelt. Für Privatiers ist der Iltis zu teuer und lässt sich kaum absetzen.

Mit dem Typ 181, vom Volksmund gerne als Kübel und in den USA alsKultmobil „The Think" beliebt, hat der VW Iltis (Typ 183) nichts Wesentliches gemeinsam. Immerhin ist der 181 aber ab 1969 eine Zwischenlösung bei leichten Fahrzeugen für militärische Einsätze. Diesen Bedarf deckt ab 1956 der DKW Munga. Allein die Bundeswehr nimmt über 30 000 dieser Fahrzeuge ab, aber auch Polizei, Bundesgrenzschutz, Technisches Hilfswerk sowie das Militär anderer Nationen ist mit dem Munga unterwegs – mit dem typisch knatternden Geräusch seines Dreizylinder-Zweitaktmotors. Zuletzt kostet er knapp 12 000 Mark. Doch die Zeit für den Munga ist abgelaufen. Daher kommt der ausschließlich durch die Hinterräder angetriebene Typ 181 zwischenzeitlich zum Zuge. Die mit 40, später 44 PS etwas schwächlichen Mungas sind in die Jahre gekommen und nie fehlerfrei gewesen, weshalb Ersatz beschafft werden muss. Erst im Frühjahr 1976 beginnt die Entwicklungsarbeit am Iltis, der zunächst nur für die Bundeswehr bestimmt ist. Zu der Zeit geht der Lada Niva als erstes Großserienfahrzeug mit permanentem Allradantrieb bereits in Serie – er wird bis heute gebaut. Der im Wettbewerb zum Iltis ebenfalls der Bundeswehr angebotene Mercedes G erhält zunächst keinen Zuschlag, was aber später, als der Iltis ausgedient hat, dann nachgeholt wird.

Zunächst muss sich der Volkswagen Iltis, Typ 183, aber durch Erprobungsfahrten bei schneidender Kälte

Der einst drittgrößte Reifenhersteller der Welt Uniroyal ist heute nur mehr eine von diversen Marken bei Continental

Iltis für zivile Nutzung

und flimmernder Hitze quälen. Die sind schließlich erfolgreich absolviert, als im Sommer 1978 die Nullserienfahrzeuge gebaut werden. Die Serienfertigung startet dann wenige Monate später ab November 1978. Im Einsatz bei der Bundeswehr erweist sich der Wagen als standfest und bewährt sich rasch. Mit einer Wattiefe von 60 Zentimetern und in vollgladenem Zustand 50 Prozent Kletterfähigkeit ist der Iltis abseits befestigter Wege voll in seinem Element. Neben der Standardausführung mit einer Länge von knapp vier Metern gibt es übrigens auch eine Sanitätsausführung mit verlängertem Verdeck, sie kommt auf eine Gesamtlänge von gut 4,50 Metern und fällt auch 20 Zentimeter breiter aus. Für den Iltis will Volkswagen von Privatkunden 1980 gut 35 000 Mark haben, 1982 dann schon fast 39 000 Mark. Das ist nach damaligen Maßstäben viel zu teuer. Dem entsprechend hält sich diese angepeilte Klientel zurück.

Über die vereinbahrungsgemäß für die Buneswehr zu fertigenden 8800 Fahrzeuge hinaus, versucht Volkswagen auch private Interessenten zu erreichen. Das gelingt kaum, obwohl bereits Geländewagen in privater Hand zunehmend populär werden.Zwar ist der zivile Iltis mit einer Beplankung der Radausschnitte, geänderten Stoßfängern und Trittbrettern sowie einem Kunststoff-Hardtop anstelle des Planenverdecks alltagstauglicher und zivil, aber in der Preisliste stehen 1980 satte 35 225 Mark, 1982 sogar 38 955 Mark. Das ist dann den potenziellen Käufern trotz Teppichböden, Sportsitzen und umlegbaren Rücksitzen zu viel. Die Fertigung des bei Audi in Ingolstadt entwickelten und produzierten Autos läuft bereits 1982 aus. Der Verkauf der Restbestände zieht sich bis ins Jahr 1986.

Der Iltis ist ein Geländewagen und gilt als LKW 0,5 t. Er wird als Führungs- und Fernmeldefahrzeug eingesetzt, für allgemeine Personentransporte benutzt oder auch als Träger-Fahrzeug für Panzerabwehrwaffen und den behelfsmäßigen Verwundetentransport. Die Entwicklung des Iltis findet nicht bei Volkswagen in Wolfsburg statt, sondern wird von Audi in Ingolstadt durchgeführt, wo er später auch produziert wird. Insgesamt 8 800 Wagen übernimmt die Bundeswehr bis Ende des Jahres 1981. 1982 entstehen die letzten 119 Iltis aus deutscher Fertigung. Die ausgedienten Produktionsanlagen übernimmt das kanadische Unternehmen Bombardier. Mit einer Reihe geringfügiger Änderungen wird der Iltis dort weiter hergestellt und unter anderem vom kanadischen Militär benutzt. Auch die belgische Armee rüstet sich mit dem Bombardier-Iltis aus, der mit in Kanada hergestellten Teilen im belgischen Volkswagen-Werk in Brüssel montiert wird.

Der Iltis von Volkswagen ist mit einem 1,7 Liter großen, vom Passat-Motor (EA827) abgeleiteten Vierzylinder-Reihenmotor ausgerüstet, der 75 PS leistet. Das reicht für eine Höchstgeschwindigkeit von 130 km/h und das Erreichen von 100 km/h aus dem Stand nach 22 Sekunden. Aber bei den Einsätzen des Iltis steht Dynamik nicht im Vordergrund. Wichtiger ist die Geländegängigkeit. Hier hat der Iltis durchaus seine Tugenden. Er kann mit dem serienmäßigen Hinterradantrieb bewegt werden, doch bei Bedarf lässt sich der Vorderradantrieb zuschalten. Eine hintere Differentialsperre kann außerdem manuell zugeschaltet werden. Das vordere Differential darf bei eingeschaltetem Allradantrieb ebenfalls gesperrt werden, ist aber nicht bei den in Deutschland gebauten Iltis in Serie, sondern bei den belgischen Modellen zu finden. Das Zuschalten und Sperren ist bei jeder Geschwindigkeit möglich. Der Vorderradantrieb ist im Schaltgetriebe

Leichtes Verdeck, keine Türen, grobstollige Reifen

Reserverad und Benzinkanister außen am Heck

integriert. Mit vier Vorwärtsgängen ist es nicht getan, denn es gibt noch einen Geländegang, der ebenso wie der Rückwärtsgang nicht synchronisiert ist. Die kurze Übersetzung ermöglich ruckfreies Vorwärtskommen mit nur 3 km/h. Diese Geländefahrstufe kann aber nur im Allradmodus eingelegt werden. Verwandschaft zeigt der Itis zum DKW Munga nicht allein hinsichtlich seines Aufgabengebiets. Insgesamt ähnelt sich die Konzeption. So ist die Karosserie eine Weiterentwicklung der Munga-Hülle und basiert auf einem Kastenrahmen. Die darauf gesetzte Phaeton-Karosserie weist vier Türen und ein Klappverdeck auf. Die Windschutzscheibe lässt sich nach vorne umklappen.

Die Radaufhängungen sind wie beim Munga vorne und hinten gleich, ein Plus bei der Ersatzteillogistik. Es gibt vorne wie hinten untere Querlenker und eine obere, quer montierte Blattfeder. Nur einen Hauch länger als beim DKW ist der Radstand beim Iltis, der hier 2017 Millimeter beträgt. Dieser kurze Radstand sorgt dafür, dass der Iltis auf Kuppen nicht schnell aufsetzt; der Böschungswinkel vorne ist dank kurzem Überhang und hochgezogenem Bug sehr groß. Mit dem kurzen Radstand geht allerdings auch ein Manko einher: der schlechte Fahrkomfort. Starke Nickbewegungen des Fahrzeugaufbaus beeinträchtigen die Insassen bei entsprechender Fahrbahnbeschaffenheit. Nicht viel Spaß verspricht auch der Wendekreis, der mit üppigen 12,2 Metern angegeben wird. Gesicherte Erkenntnisse über die Wirksamkeit der rundum verbauten Trommelbremsen, die immerhin über eine Servounterstützung verfügen, gibt es nicht schriftlich.

Dennoch dürften die Anhaltewege, zumal bei Ausnutzung des zulässigen Gesamtgewichts von 2000 Kilogramm und auf den meist grobstolligen Reifen,

Spartanisches Cockpit

VW Iltis

Motor
Wassergekühlter Vierzylindermotor, vorn längs eingebaut, hängende Ventile, eine obenliegende, zahnriemengetriebene Nockwelle, 1714 cm³ Hubraum, Bohrung x Hub: 79,5 x 86,4 mm, Verdichtung: 8,2:1, 75 PS bei 5500 /min, Gelände-Fallstromvergaser Solex 1B1,Kraftstoff Normalbenzin

Antrieb
Allradantrieb, Vorderradantrieb für Straßenfahrt abschaltbar, Differentialsperre hinten zuschaltbar. Getriebe: vollsynchronisiertes Viergangetriebe mit Mittelschaltung, unsynchronisierter Geländegang

Fahrgestell
Kastenprofil-Rahmen, Ganzstahlkarosserie, Zahnstangenlenkung, vorne Querlenker unten, eine Querfeder oben hinten Querlenker unten, eine Querfeder oben, hydraulisch betätigte Trommelbremsen vorne und hinten,

Abmessungen
Länge: 3887 mm, Breite: 1520 mm, Höhe: 1837 mm (mit Verdeck), Radstand: 2017 mm, Spurweite vorn/hinten: 1230/ 1260 mm, Gewicht: 1330 kg, Tankvolumen: 85 Liter,

Fahrleistungen
Verbrauch: 14 Liter/100 km (Straße), 18 l/100 km (Gelände), Höchstgeschwindigkeit: 130 km/h, Neupreis 1980: 35.225 DM, Stückzahlen (1978-1982): 9547

etwas übertrieben gesagt keinen Vergleich zu einem Hochseefrachter scheuen, also extrem lang sein. Für die Bundeswehr nebensächlich, aber in privater Hand schmerzhaft ist auch der Kraftstoffverbrauch. Im Straßenbetrieb fließen schnell 14 Liter für 100 Kilometer durch die Vergaserdüsen, im Gelände können es auch 18 Liter sein. Immerhin passen in den im Heck platzierten Tank stolze 85 Liter hinein, so dass die Reichweite als gut anzusehen ist.

Es beflügelt zwar den Absatz nicht, aber einen bemerkenswerten Erfolg feiert der Iltis im Sport. So geht der Gesamtsieg bei der Rallye Paris - Dakar 1980 an den Finnen Freddy Kottulinsky mit Beifahrer Gerd Löffelmann auf Volkswagen Iltis. Den Triumph komplettieren Patrick Zaniroli mit Philippe Colesse auf Rang zwei, Jean Ragnotti mit George Vaills auf Rang vier und Roland Gum pert mit Alois Eder im Servive-Iltis auf Rang neun. Alle Iltis sind weitgehend serienmäßig; das Siegerfahrzeug ist im VW-Museum in Wolfsburg ausgestellt.

1982 stellt Volkswagen die letzten 119 Iltis in Deutschland her. Bei Bombardier geht es wie oben beschrieben weiter. Die hier gebauten Fahrzeuge unterscheiden sich von der zwischen 1978 und 1982 hergestellten deutschen Ausführung etwa durch einen geänderten Kabelbaum, Armaturenbrett-Anzeigen für Allrad und Sperren, weitere Zusatzinstrumente, verstärkte Antriebswellen, einen breiteren Kühler und eine Karosserie-Lagerung auf dem Rahmen mit sechs statt vier Gummis. Dabei entstehen in Belgien in den Jahren 1987 und 1988 knapp 900 Einheiten anstelle des Benzinmotors mit einem 1,6 Liter großen Vierzylinder-Dieselmotor. Dank Turbolader leistet dieses Triebwerk 70 PS. Damit dürften sich die Fahrleistungen nicht wesentlich von denen der Benzinversion unterscheiden.

VW Corrado

1988–1995

Schöner golfen

Ab 1981 entwickelt Volkswagen, basierend auf dem Golf II, ein neues Sportcoupé. Als Nachfolger des Scirocco II wird er dann aber zu teuer, und der Projektname „Taifun" kommt ab 1988 nicht als Serienbezeichnung. Sieben Jahre später ist Schluss mit dem Corrado.

Der VW Corrado ist ein ambitioniertes Sportcoupé mit praktischer, großer Heckklappe. Er wirkt wie aus dem Vollen geschnitzt und mit einer an Mercedes-Niveau erinnernden Qualität: Zwar ist der 2+2-Sitzer für Fondpassagiere nicht wirklich langstreckentauglich, aber das kann die gut platzierten Fahrer und Beifahrer nicht kratzen. Der Corrado wird einige Zeit parallel zum Scirocco gefertigt, ist aber etwas höher positioniert und weist mit dem G-Lader ein besonderes Technikmerkmal auf. Anders als der Scirocco wird der VW Corrado in Wolfsburg gebaut. Golf Cabriolet und Scirocco fertigt Karmann in Osnabrück auf dem Unterbau des Golf I, was die Wirtschaftlichkeit unter Ausnutzung der vorhandenen Produktionsanlagen ermöglicht. Der Corrado dagegen nutzt als Basis den längeren und breiteren Unterbau des Golf II, der seit 1983 in Serie produziert wird. Entsprechend unwirtschaftlich wäre eine Produktion bei Karmann gewesen. So entsteht er in Wolfsburg.

Zum Verkaufsstart im November 1988 verlangt Volkswagen 42 500 Mark für den Wagen, während die stärkste Version des Scirocco, der GTX 16V mit 129 PS, für 33 410 Mark zu bekommen ist. Bis September 1992 laufen Corrado und Scirocco parallel im Modellprogramm, bevor letzterer eingestellt wird. Beide Modelle eint, dass sie von einem 1,8 Liter großen Einspritzmotor angetrieben werden, doch im Corrado sorgt zumindest anfangs ein mechanischer G-Lader für Druck und pustet dem Triebwerk eine Höchstleistung von 160 PS ein. Während der Scirocco auch mit kleineren Motoren angeboten wird, orientiert sich der Corrado eher nach oben. Zwar gibt es für den Export den 1,8-Liter-Motor mit 107, 112 und 129 PS sowie ab 1989 als 16-Ventiler mit 139 Pferdchen auch in Deutschland, aber eben nicht mit kleineren Antrieben. Ab August 1991 kann der Corrado mit einem Zweiliter-16-Ventiler vorfahren, der 136 PS leistet. Der 1,8 Liter 16V fällt im Juli 1992 aus dem Programm.

Ebenfalls 1991 führt Volkswagen den 2,9 Liter großen, 190 PS starken VR6-Motor ein, während der etwas kleinere 2,8 Liter VR6-Antrieb mit 174 PS ausschließlich für den Export bestimmt ist. Die Bauzeit des Sportcoupés als G60, also mit G-Lader und 160 PS, endet dann im Juli 1993. Ein Jahr später

Das Cabrio des Corrado ging nicht in Serie

Gut gefüllter Motorraum des Corrado

Ansehnliches Ladeabteil unter der Heckklappe

Der Corrado wird nur mäßig erfolgreich verkauft

Basis des anspruchsvollen Coupés ist der Golf II

wird auch der 2.0 16V mit 136 PS eingestellt, so dass schließlich nur noch der Zweiliter mit 115 PS und der VR6 für die Käufer zur Wahl stehen. Unabhängig von Hubraum und Leistung sind alle Motoren natürlich flüssigkeitsgekühlt und mit elektronischer Einspritzung ausgerüstet. Der Antrieb der Nockenwellen erfolgt bei den Vierzylindern mittels Zahnriemen, beim VR6 über Kette. Die Kraft gelangt via Einscheibentrokkenkupplung und Fünfganggetriebe an die Vorderräder. Ab 1991 wird der Wagen auf Wunsch mit einer elektronisch-hydraulisch gesteuerten Vierstufen-Automatik ausgestattet, die aber 1960 Mark Aufpreis kostet. Die für den Scirocco angebotene Wandlerautomatik kommt dagegen mit drei Gängen aus.

Ein weiterer Unterschied zwischen Corrado und Scirocco ist das Gewicht. So bringt der Corrado mit mindestens 1135 Kilogramm doch deutlich mehr auf die Waage, satte 300 Kilo mehr als der leichteste Scirocco. Insofern verwundert es nicht, dass die Fahrleistungen des Corrado nur wenig besser sind. Zwar läuft der Corrado als G60 fast 230 km/h schnell bei vollem Galopp und damit doch deutlich flotter als der Scirocco (bis 204 km/h), aber bei der Beschleunigung aus dem Stand auf 100 km/h gibt es kaum Unterschiede. Die Technik ist interessant: Der G-Lader verdichtet die angesaugte Luft für die Verbrennung und steigert die Leistung. Die an den Buchstaben „G" erinnernde Bauform gibt ihm den Namen. Anders als Turbolader oder Kompressoren, die den Druck im Ansaugrohr erhöhen, komprimiert der G-Lader das Medium, hier: Luft, selbst. Im Alltags-Fahrbetrieb positiv spürbar ist indes der Unterschied durch das vergleichsweise hohe Drehmoment des G-Lader-Motors, der mit 225 Nm die 168 Nm des Scirocco 16V klar übertrifft. Dagegen sind Unter-

Die G-Ladertechnik im Corrado G60 sorgt für ordentlich Schub

Die Seitenlinie zeigt Schwung und Keilform mit hohem Heck

Die Front des Corrado ist von klaren Linien geprägt

Ein Werkswagen im Einsatz bei der Oldtimer-Rallye "Sachsen Klassik"

schiede auch bei den Abmesungen der Fahrzeuge kaum auszumachen: Mit 70 Millimetern mehr Radstand ist der nur wenig mehr als vier Meter lange Corrado insgesamt nur zwei Millimeter kürzer, dabei 30 Millimeter breiter und 38 Millimeter höher. Dem höheren Basisgewicht angepasst ist die Bereifung mit 15 Zoll großen Rädern. Das Format 195/50 R 15 V weiß vor rund 30 Jahren zu beeindrucken, obwohl es heute kaum vorstellbar erscheint. Das passt aber zur angestrebten Höherpositionierung.

Die höhere Wertigkeit unterstreicht der Corrado durch seinen formal stämmigen Auftritt. Das klare Leuchtendesign an Front und Heck verstärkt die Wirkung der schwungvollen Seitenlinie, die nach hinten ansteigt und die Keilform betont. Viel Aufmerksamkeit widmen die Schöpfer des Wagens auch der Aerodynamik. So sind die Anlenkpunkte der Scheibenwischer von der Motorhaube verdeckt und am Heck gibt es einen Flügel, der bei Tempo 120 automatisch ausfährt. Bei 20 km/h zieht er sich ebenso selbsttätig wieder zurück. Der Auftrieb an der Hinterachse wird durch das Bauteil maßgeblich reduziert, laut Werksangabe um bis zu 64 Prozent.

Paris-Dakar-Sieger Iltis mit dem Markenkollegen-Coupé Corrado

Höher fliegende Pläne mit dem Corrado ließen sich nicht realisieren

Porsche nutzt das technische Merkmal jedenfalls erst ein paar Monate später, beim 911 der Baureihe 964.

Für damalige Verhältnisse gilt der Corrado als serienmäßig reichhaltig ausgestattet. So ist das Antiblockiersystem der Bremsen von Teves ebenso Standard wie die Servounterstützung der Lenkung, die höhenverstellbaren Sportsitze, Nebelscheinwerfer, elektrisch einstellbare und beheizte Außenspiegel oder die grüne Wärmeschutzverglasung. Aber die Aufpreislisten geben dennoch jede Menge weiterer Optionen her.

Drei Jahre nach Produktionsbeginn erweitert Volkswagen das Motorenangebot um 16-Ventiler und Sechszylinder. Für den VR6 müssen der vordere Querträger und die Motorhaube geändert werden. Dazu werden Kotflügel und Frontschürze etwas verbreitert, der Kühlergrill und die hintere Stoßstange modifiziert. Gleichzeitig wächst das Tankvolumen von 55 auf 70 Liter, was aber zulasten des Kofferraumvolumens erfolgt. So passen nun nach Norm nur noch 235 statt 300 Liter ins Gepäckabteil. Der VR-Motor kombiniert übrigens Merkmale eines Reihen- und V-

Kompakt und funktional, ist der Corrado...

...aus allen Blickwinkeln harmonisch gestaltet

Motors. Unter einem gemeinsamen Zylinderkopf finden sich pro Pleuel separate Kurbelzapfen und eine Kröpfung von etwa 15 Grad. VW baut in dieser Form Motoren seit 1991. Erstes Serienmodell mit diesem Triebwerk ist der Passat B3.

Es sind die strengeren Abgasnormen, die zu unterschiedlichen Varianten des Corrado führen. In den USA hat der VR6-Motor etwas weniger Hubraum, 2,8 statt 2,9 Liter, und er leistet etwas weniger. 174 PS und 235 Newtonmeter maximales Drehmoment stehen den 190 PS und 245 Newtonmetern gegenüber. Im Fahrbetrieb ist das kaum zu spüren. Neben dem Motor unterscheiden sich europäische Corrados von amerikanischen Ausführungen durch ein paar optische Änderungen. So ist die vordere Stoßstange etwas glattflächiger und die Kennzeichenaussparung hinten kleiner. Außerdem weisen die Scheinwerfer eine anderes geformte Leuchtkammer auf. Der automatisierte Sicherheitsgurt der US-Version ist ein weiterer Unterschied, aber auch die üppigere Serienaustattung.

Schon 1992 ändern sich einige Details im Innenraum. Dabei ist die Mittelkonsole neu gestaltet, Lüfterdüsen, Türverkleidung und Fensterheberpositionierung sind verändert, Dreh- statt Schieberegler die Lüftung, Kippschalter werden durch Drucktasten ersetzt. Die geteilte Rücksitzbank bekommt nur der VR6 ab Werk. 1993 präsentiert Volkswagen den Corrado mit Zweiliter-Zweiventilmotor. Der Corrado G60 wird nicht weiter angeboten. Ab Juli 1994 wird auch der Corrado 16V gestrichen.

Im Juni 1995 läuft die Produktion des Corradao aus. Insgesamt gut 97 000 Fahrzeuge entstehen in der siebenjährigen Herstellungszeit. Fast die Hälfte davon wird in Deutschland abgesetzt. Knapp 30 000 Autos verteilen sich auf andere europäische Länder. Mehr als 22 000 Corrados werden in den USA und Kanada verkauft. Die Stückzahlen sind für Volkswagen nicht gerade berauschend. Zum Vergleich: Vom Scirocco II werden über 290 000 Wagen gefertigt, und selbst das ist Volkswagen zu wenig. Den Corrado-Absatz beflügeln also auch diverse Sondermodelle mit Preisvorteilen nicht, ob mit Vollederausstattung oder Teilleder, als „Jet", "Exclusiv 93" oder "Edition". Diese und andere Exemplare sind als Gebrauchte aktuell nicht einfach zu finden – und sie werden nicht billiger. Ob in erster, zweiter oder x-ter Hand: Der Corrado ist stets ein beliebtes Tuning-Objekt. So finden sich heute, über 30 Jahre nach Produktionsstart, kaum noch unveränderte, originale Fahrzeuge am Markt.

Aufgeräumtes, informatives und intuitiv bedienbares Cockpit

Dachantenne und versenkte Scheibenwischerachsen als moderne Merkmale

VW Corrado G60

Motor
Wassergekühlter Vierzylinder-Reihenmotor, vorn quer eingebaut, 1781 cm^3 Hubraum, Bohrung x Hub 81,0 x 86,4 mm, Verdichtung 8,0:1, 160 PS bei 5600/min, elektronische Einspritzung Digifant, Kraftstoffbedarf Superbenzin bleifrei

Antrieb
Vorderradantrieb, vollsynchronisiertes Fünfganggetriebe mit Mittelschaltung

Fahrgestell
Selbsttragende Ganzstahlkarosserie, Zahnstangenlenkung mit Servounterstützung, vorne McPherson-Federbeine mit Querlenkern und Schraubenfedern, Stabilisator, hinten Verbundlenkerachse mit Schraubenfedern, Querträger, Stabilisator, hydraulisch betätigte Scheibenbremsen vorn und hinten, Bremskraftverstärker, Anti-Blockier-System

Abmessungen
Länge: 4048 mm, Breite: 1674 mm, Höhe: 1318 mm, Radstand: 2470 mm, Spurweite vorn/hinten: 1435/1428 mm, Gewicht: 1160 kg, Tankvolumen: 55 Liter

Fahrleistungen
Verbrauch: 12,0 Liter/100 km, Höchstgeschwindigkeit: 226 km/h, Neupreis 1988: 42 500 DM, Stückzahlen (1988 - 1995): 97 521 (alle Versionen)

VW New Beetle RSi

2001–2003

Flotter Käfer

Limitiert auf nur 250 Exemplare ist dieser flotte New Beetle: Als stärkste Serienversion kommt im Jahr 2001 die RSi-Version auf den Markt mit einer an die Sportversion des Cup-Fahrzeugs angelehnten Optik. Mit seinem potenten Motor sind fulminante Fahrleistungen möglich.

Nach ausführlichen Marktuntersuchungen in Nordamerika steht fest, dass die Marke Volkswagen vor allem mit dem legendären Käfer in Verbindung gebracht wird. Folglich entwerfen die Designer Freeman Thomas und J Mays eine Designstudie, die als VW Concept 1 eine moderne Interpretation des Millionensellers darstellt. Die Arbeiten an einem Retro-Modell der Marke Volkswagen beginnen daher lange vor dem Anlauf der Produktion des New Beetle RSi.

Seine erste große Bühne erhält das Konzeptauto auf der NAIAS (North American International Auto Show) im winterlich kalten Detroit im Januar des Jahres 1994. Publikum und Fachpresse feiern den Entwurf mit Begeisterung. Im März des Folgejahres präsentiert Volkswagen noch eine Cabrio-Ausführung des Concept 1 auf dem Genfer Salon, der größten jährlichen Automesse in Europa. Auch hier erfolgen positive Reaktionen und eine mögliche Serienproduktion wird von offizieller Seite in Betracht gezogen.

Nach der anfangs vorgesehenen alternativen Motorisierung für völlige Emissionsfreiheit werden nun Dieselmotoren, Hybridantriebe und eine elektrische Version in Betracht gezogen, die in das Fahrzeug auf Basis der künftigen Polo-Generation verbaut werden sollten. Diese Aussicht ändert sich, als 1995 ein überarbeiteter Prototyp gezeigt und eine Serienfertigung bestägt wird. Technische Plattform ist statt der des Polo die bei Golf IV, Audi A3 und Skoda Octavia verwendete A4-Plattform.

Erneut ist Detroit in der Geschichte des New Beetle wichtig: Dort wird am 5. Januar 1998 das Modell offiziell vorgestellt. Im Vergleich zum Concept 1 ist die Form nicht ganz so eiförmig. Dazu

Der New Beetle RSi in Fahrt: Große Spoiler und ein Diffusor sichern beste Bodenhaftung

Blick durch die Heckklappe in den Innenraum

Das RSi-Cockpit mit reichhaltiger Instrumentierung

Dachspoiler, Heckflügel und Diffusor am RSi-Heck

Trotz Retro-Design kommt der New Beetle nicht bei allen gut an

tragen die Stoßfänger bei, und der Wagen zeigt eine ausgeprägtere Motorhaube, die sich beim New Beetle im Gegensatz zum Käfer vorne befindet. Nach dem erfolgreichen Mazda MX5, einem japanischen Sportwagen im Stil des englischen Klassikers Lotus Elite, der bereits 1989 auf den Markt kommt, ist der New Beetle ein Vorreiter in Sachen Retro-Design.

Mit den freistehenden Kotflügeln, angedeuteten Trittbrettern und der runden vorderen Haube gibt es bei diesem modernen Fahrzeug äußerlich einige Anspielungen auf den guten alten Käfer. Das setzt sich im Innenraum fort mit dem Griff über dem Handschuhfach, Halteschlaufen an der B-Säule, dem runden Kombiinstrument bis hin zur Blumenvase. Technisch aber gibt es keine Analogien. Auf der erwähnten A4-Plattform lässt sich kein Heckmotor realisieren, weshalb der New Beetle mit Frontmotor und Vorderradantrieb seinen modernen Konzernbrüdern gleicht. Trotz der offensichtlichen Vorteile dieser Bauweise kritisieren einige Interessenten das Fehlen des Heckmotors.

Nach der Messepräsentation erfolgt die Markteinführung im März 1998. Es gibt zwei verschiedene Motoren, einen Zweiliter-Vierzylinder-Benziner mit

115 PS und den 1,9-Liter Dieselmotor mit 90 PS. Mit einem 1,8-Liter-Vierzylinder-Turbobenziner, der es auf 150 PS bringt, folgt 1999 eine stärkere Variante. Ausgebaut wird das Angebot im gleichen Jahr durch den 1,6-Liter-Vierzylinder-Benziner mit 101 PS.

Als Vorläufer des Beetle RSi kann das Modell für den New Beetle Cup gelten. Aufbauend auf der Original-Rohkarosserie, die verstärkt und mit einer Sicherheitszelle ausgerüstet wird, bekommt der Renner einen 2,8 Liter großen VR6-Motor mit 24 Ventilen. 40 Fahrzeuge baut Volkswagen vom Typ New Beetle für Cup-Einsätze im Jahr 1999. 204 PS aus 2,8 Litern Hubraum sorgen für flotte Fahrleistungen, sind aber weniger als beim RSi, doch es gibt sportliche Zutaten: gerade verzahntes Sechsganggetriebe, Sportfahrwerk, Sicherheitszelle, Renn-ABS und mehr. An die jeweiligen Bedürfnisse und Rennstrecken anpassbar ist das höhenverstellbare Sportfahrwerk, für flotte Boxenstopps ist eine pneumatische Hebeanlage montiert.

Mit einem auf 3,2 Liter erweiterten Hubraum bringt Volkswagen im Jahr 2001 den New Beetle RSi als stärkste Serienversion auf den Markt. Anders als das frontgetriebene Cup-Fahrzeug fährt der RSi jedoch mit 4-Motion-Allradantrieb besonders traktionsstark vor. Optisch zeigt sich Nähe zur Rennversion. Im Vergleich zu den schwächeren Serien-Beetles ist die Karosserie 86 Millimeter breiter und 19 Millimeter länger. Spurweite vorne und hinten sind verbreitert. Eine riesige Bugschürze anstelle des profanen Stoßfängers vorne scheint den Betrachter freundlich anzugrinsen. Über seine riesigen Lufteinlässe werden Motor und Bremsen die benötigte Kühlluft zugeführt. Das ist zwar nicht gut für den Luftwiderstand, aber nötig für die Lebensdauer.

Das Schloss der Heckklappe wird nach Wegdrehen der Logoplakette erreichbar

Am Heck des gegenüber schwächeren New Beetles breiter und tiefer daher kommenden Beetle RSi ragt ein mächtiger Heckflügel auf, der aussieht wie bei der Cup-Version. Ergänzend trägt der schnelle Neu-Käfer noch einen Diffusor in der Heckschürze, um die Bodenhaftung zu erhöhen. So bietet der allradgetriebene Beetle RSi auch bei Höchstgeschwindigkeit von 225 km/h einen guten Schutz vor dem Abheben und ein stabiles Fahrverhalten, auch wenn es etwas martialisch aussieht. Zwei Rundinstrumente im Cockpit informieren hier den Fahrer über Drehzahl und Geschwindigkeit, geliefert werden auch Uhrzeit und Kühlmitteltemperatur.

Zusatzinstrumente in der Mittelkonsole finden dort Platz, wo in anderen New Beetles das Radio sitzt, das dafür am Dachhimmel platziert wird. Zum Starten des Motors gibt es einen Knopf in der Mittelkonsole neben dem Handbremshebel. Wie das Cup-Auto ist der RSi auf Rädern mit 18 Zoll Durchmesser unterwegs. Die Bereifung hat hier das gebräuchliche Format 235/40 ZR 18, während der Renner auf Rennreifen der Größe 235/625 – 18 unterwegs ist.

Das Schaltgetriebe des RSi weist sechs Gänge auf, ist aber anders als das geradverzahnte Sechsganggetriebe des Cup-Autos aufgebaut. Unterschiede zu den anderen New Beetle-Versionen sind neben dem VR6-Motor, der statt mit Zahnriemen angetriebener Nockenwellen solche mit Kettenantrieb aufweist, gering. Sechsgang-Getriebe und Allradantrieb hat nur der RSi, denn der 2000 ebenfalls eingeführte 2,3 VR5 mit 170 PS muss ohne auskommen. Das trägt unter anderem dazu bei, dass der RSi die schwerste Ausführung des New Bettle wird. Mit einem Leergewicht von 1515 Kilogramm bringt er deutliche 190 Kilogramm mehr auf die Waage als der ansonsten schwerste New Beetle, die oben angesprochene VR5-Version, die nominell 1325 Kilogramm wiegt. Trotz dieses Gewichtsmankos ist der RSi der schnellste serienmäßige New Beetle. Laut Werksangaben beschleunigt er in nur 6,7 Sekunden aus dem Stand auf 100 km/h und erreicht eine Höchstgeschwindigkeit von 225 km/h.

Gebaut wird der New Beetle am traditionsreichen Standort in Puebla, Mexiko. Ob dies der Grund für die teilweise beklagten Qualitätsmängel ist, bleibt unsicher, sie bringen dem Modell aber nicht wenig Kritik ein. Bemängelt werden unter anderem die rostanfällige Auspuffanlage, Fehler der Lackierung und ungenaue Verarbeitungsdetails. Die Volkswagen de México S.A. de C.V. (Sociedad Anónima de Capital Variable) betreibt das nordamerikanische Werk der Volkswagen AG in Puebla. Rund 16 000 Mitarbeiter sind Stand 2020 hier beschäftigt. Gegründet wird das Unternehmen bereits 1964. 1967 läuft das erste Auto vom Band. Bis ins Jahr 2003 hinein wird der gute alte Käfer gefertigt. 90 Prozent der Produktion gehen in den Export von mehr als 100 Ländern.

Aber auch grundsätzlich findet das Retro-Design-Modell nicht nur Zuspruch. Das kugelige Aussehen polarisert und nicht wenige kritisieren den kleinen Gepäckraum von nur 275 Litern Fassungsvermögen. Mit insgesamt rund einer Million gebauten New Beetle gelten die Absatzzahlen als eher mäßig. Zwar bringt Volkswagen im Jahr 2003 auch eine Cabrio-Ausführung auf den Markt, bei dem das Verdeck wie beim Käfer in geöffnetem Zustand auf der Karosserie aufliegt und mit einer Persenning abgedeckt werden kann, aber das Modell fährt dennoch nicht wirklich aus der Nische. 2005 zeigt Volkswagen dann ein Facelift mit flacheren Kotflügeln, neu geformten Stoßfängern und ovalen Klarglas-Scheinwerfern, doch technisch bleibt es bei der Basis des inzwischen abgelösten Golf IV, der bereits 2003 einen Nachfolger hat. 2011 stellt Volkswagen den Nachfolger des New Beetle unter der Bezeichnung Beetle vor. Im November 2011 erfolgt die Markteinführung in Deutschland. Mit bis zu 220 PS Motorleistung ist dieser Beetle ähnlich stark wie der RSi und kommt auf vergleichbare Fahrleistungen. Rückläufige Absatzzahlen führen schließlich im Jahr 2018 zur Einstellung der Baureihe.

New Beetle RSi

Motor
Wassergekühlter Sechszylindermotor, vorn quer eingebaut, 3189 cm^3 Hubraum, Bohrung x Hub: 84 x 95,9 mm, Verdichtung 10,8:1, 225 PS bei 6200/min, Multipoint-Einspritzung, Kraftstoffbedarf Superbenzin

Antrieb
Allradantrieb, vollsynchronisiertes Sechsganggetriebe mit Mittelschaltung

Fahrgestell
Selbsttragende Ganzstahlkarosserie, Zahnstangenlenkung mit Servounterstützung, vorne MacPherson-Federbeine mit Querlenkern und Schraubenfedern, Stabilisator, hinten Verbundlenkerachse mit Schraubenfedern, hydraulisch betätigte Scheibenbremsen vorn und hinten, Bremskraftverstärker, Anti-Blockier-System

Abmessungen
Länge: 4148 mm, Breite: 1810 mm, Höhe: 1475 mm, Radstand: 2515 mm, Spurweite vorn/hinten: 1553/1553 mm, Gewicht: 1515 kg, Tankvolumen: 63 Liter

Fahrleistungen
Verbrauch: 12,0 Liter/100 km, Höchstgeschwindigkeit: 225 km/h, Neupreis 2001: ca. 128 000 DM, Stückzahlen (2001 - 2003): 250 (limitiert)

Mit wenig Seitenneigung geht es auf breiten Reifen flott ums Eck

Die 2003 nachgereichte Cabrioversion sorgt nicht für höchste Absatzzahlen

Weitere Bücher unseres Verlages – eine Auswahl

Fordern Sie kostenlos und völlig unverbindlich unseren Prospekt an mit Büchern über Autos, Motorräder, Lastwagen, Traktoren, Forstfahrzeuge, Lokomotiven, Baumaschinen, Feuerwehrfahrzeuge, Schwertransporte, Autokrane, Flugzeuge:

Verlag Podszun Motorbücher GmbH, Elisabethstraße 23-25, 59929 Brilon
Telefon: 02961-53213, Fax: 02961-9639900, Email: info@podszun-verlag.de, Webshop: www.podszun-verlag.de

240 Seiten, 610 Bilder, 28 x 21 cm
Festeinband, ISBN 9783751610711
EUR 39,90 Bestellnummer **1071**

144 Seiten, 280 Bilder, 28 x 21 cm
Festeinband, ISBN 9783861338383
EUR 29,90 Bestellnummer **838**

220 Seiten, 550 Bilder, 28 x 21 cm
Festeinband, ISBN 9783861334569
EUR 39,90 Bestellnummer **456**

180 Seiten, 490 Bilder, 28 x 21 cm
Festeinband, ISBN 9783861336846
EUR 29,90 Bestellnummer **684**

240 Seiten, 480 Bilder, 28 x 21 cm
Festeinband, ISBN 9783751610643
EUR 39,90 Bestellnummer **1064**

128 Seiten, 360 Bilder, 28 x 21 cm
Festeinband, ISBN 9783861334521
EUR 19,90 Bestellnummer **452**

160 Seiten, 480 Bilder, 28 x 21 cm
Festeinband, ISBN 9783751610704
EUR 29,90 Bestellnummer **1070**

136 Seiten, 280 Bilder, 28 x 21 cm
Festeinband, ISBN 9783751610339
EUR 29,90 Bestellnummer **1033**

144 Seiten, 420 Bilder, 28 x 21 cm
Festeinband, ISBN 9783861332190
EUR 24,90 Bestellnummer **219**

240 Seiten, 550 Bilder, 28 x 21 cm
Festeinband, ISBN 9783751610667
EUR 39,90 Bestellnummer **1066**

120 Seiten, 310 Bilder, 28 x 21 cm
Festeinband, ISBN 9783751510629
EUR 24,90 Bestellnummer **1062**

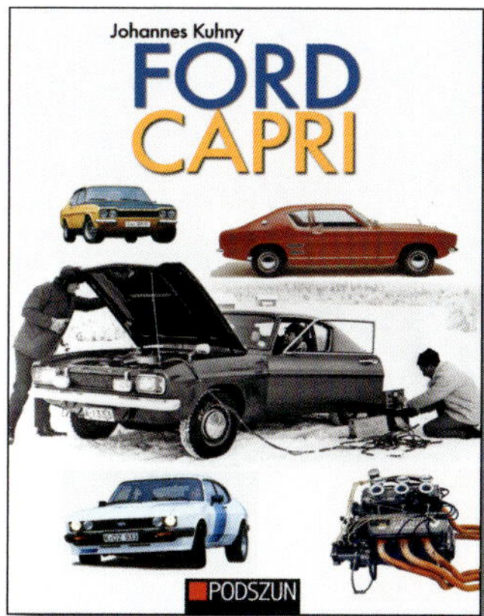

144 Seiten, 290 Bilder, 24 x 17 cm
Broschur, ISBN 9783861338376
EUR 19,90 Bestellnummer **837**